中国轻工业"十四五"规划立项教材

"互联网 +"新形态立体化教学资源特色教材

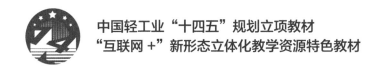

餐饮空间设计

梅文兵　编著

中国轻工业出版社

图书在版编目（CIP）数据

餐饮空间设计／梅文兵编著. —北京：中国轻工业
出版社，2023.10
ISBN 978-7-5184-4419-9

I. ①餐…　II. ①梅…　III. ①饮食业—服务建筑—
建筑设计　IV. ①TU247.3

中国国家版本馆 CIP 数据核字（2023）第 074067 号

责任编辑：毛旭林

文字编辑：梁若水　　　　责任终审：张乃柬　整体设计：锋尚设计
策划编辑：毛旭林　梁若水　责任校对：晋　洁　责任监印：张京华

出版发行：中国轻工业出版社（北京东长安街6号，邮编：100740）
印　　刷：艺堂印刷（天津）有限公司
经　　销：各地新华书店
版　　次：2023年10月第1版第1次印刷
开　　本：870×1140　1/16　印张：9
字　　数：200千字
书　　号：ISBN 978-7-5184-4419-9　定价：58.00元
邮购电话：010-65241695
发行电话：010-85119835　传真：85113293
网　　址：http://www.chlip.com.cn
Email：club@chlip.com.cn
如发现图书残缺请与我社邮购联系调换
230024J2X101ZBW

前言

在社会经济繁荣发展和优秀传统文化复兴的时代背景下，餐饮空间不仅能够满足人们的物质需求，还能够满足人们的精神需求；既能够弘扬地域文化，又是提升餐饮品质的一种新探索。餐厅空间意境的营造成为现代餐厅设计发展的趋势，餐厅的空间意境是传统文化、餐饮文化与餐饮空间相结合的艺术境界。

本教材以习近平新时代中国特色社会主义思想为指引，落实立德树人的根本任务，以学生发展为中心，以将传统文化融入现代餐饮空间为主轴，以商业项目的流程和规范为标准，实施课程思政教学改革，创新"工学商一体化项目制课程"。课程根据艺术设计类人才培养特点和专业能力素质要求，科学合理设计专业思政教育内容，树立文化自信，做到思政教育课内教学与课外实践全覆盖，形成专业课教学与思政理论紧密结合、同向同行的育人格局。

本书有以下几个特点。

一是遵循餐饮空间设计的基本流程，采用模块化体例。每个模块均以案例引导教学，将鲜活的餐饮空间设计案例、概念、设计表达以及实施流程推送到学生面前，使教学不再停留于抽象的理论层面。

二是注重设计创意思维的培养。高等职业教育要"重点培养高端技能型人才，发挥引领作用"。艺术专业的高端技能型人才除了要掌握过硬的实践操作技能，还要有良好的创意思维。本书的模块四对餐饮空间的创意来源和创意方法进行了系统论述和总结，为培养学生的创意思维能力提出了合理的建议，提供了丰富的教学资源。

三是强化网络资源建设。本书将"互联网+"的理念融入教材中，将设计案例、微课视频、课程标准、教学课件、学生作业、拓展阅读等资料上传到配套资源平台，供学生自主学习，建立开放、共享、包容的学习模式；注重在实践中学习理论，使学生进一步加深对餐饮空间设计的了解和兴趣。

本教材中部分实训作品由彭洁、兰和平、徐士福等老师提供，广东轻工职业技术学院艺术设计学院的领导和同事对本书的出版也给予了大力支持。在此表示深深的谢意。

由于自身学识水平有限，书中难免有疏漏和不妥之处，敬请读者批评指正。

编者

目录
一

模块一
课程描述
与技能要求

学习目标

1. 了解课程性质，熟知课程内容与任务。
2. 掌握课程的学习目标，熟悉课程的教学方法。
3. 掌握餐饮空间设计的基本原理、方法和一般规律。
4. 初步具备设计餐饮空间的能力。

学习要求

1. 熟知色彩、素描等基本设计表达能力训练与本课程的关系。
2. 了解人机工程学的基本原理和常规尺寸。
3. 加强对建筑结构知识的学习。

教学情景

1. 根据教学大纲要求，系统阐述本课程的性质、内容、需要完成的任务以及具体的计划安排。
2. 采取任务驱动式项目教学，实现理论、实践一体化教学，以课堂讲授为主、课外实践为辅进行教学。

教学步骤

1. 明确课程内容，完成理论讲解。
2. 强调色彩、素描、构成等基础美术知识及表现方法在本课程中的运用。
3. 阐述建筑结构知识与室内设计的关系。

考核重点

充分了解本课程的内容、任务以及最终展现形式。

一、课程描述

（一）课程性质

民以食为天。从古至今，不论是宗教活动、经济活动还是外出旅行，饮食都是其中最基本的一部分，餐饮业的形成与人类的各种活动都有着密不可分的关系。中国餐饮业的历史可追溯到春秋战国时期，由于当时政治活动频繁，各国交往密切，政客们奔走于各国之间，出现了许多的驿站为客人服务，这就是餐饮业的雏形；秦汉时期，商业兴起，为了满足往来贸易商人的饮食需求，出现了提供餐饮的谒舍（客栈）；唐宋时期，出现了以歌舞带宴的餐饮文化形式——筵席，大型的宴会场面开始出现；明清时期，中西餐饮文化开始融合，出现了西餐厅、咖啡厅等场所；中华人民共和国成立后，由于政治、经济、人民生活相对稳定，餐饮业得到了快速发展。

自20世纪80年代以来，国民经济的高速增长，人民收入的明显提高，逐渐带动了餐饮业的繁荣，餐饮消费的比例逐年增高。进入21世纪后，中国作为最大的发展中国家，餐饮业又迎来新一轮的发展契机，但在经济全球化的背景下，来自外部的市场竞争也日趋激烈。面对严峻的形势，"如何提升餐饮业的经营管理和服务品质，使得中国的餐饮业可以在激烈的全球竞争中脱颖而出"这一课题摆在了中国餐饮业的面前，同时也对室内设计师提出了更为严格的要求，促使其营造出更为优异的餐饮空间。

餐饮空间设计是室内设计的重要专题之一，通过循序渐进的方式由浅入深地将学生引入室内综合设计的专业学习阶段，使学生认识餐饮空间与人的物质需求和精神需求的关系，使学生掌握餐饮空间设计的基本原理和图纸表现手段，了解人机工程学、空间尺度、消费心理学、基本建筑法规、建筑消防要求等知识点，为以后的专业设计课程学习打下良好的基础。（图1-1至图1-4）

餐饮空间设计是环境艺术设计专业系列课程中重要的一环，也是一个重要的设计方向。根据人们在该空间的就餐活动和精神需求展开的餐饮空间设计，促使设计师必须具备更扎实的专业知识和较高的综合素质：三大构成基础、素描、色彩、图案、专业制图、人机工程学原理、建筑常识、基本建筑法规、建筑消防知识、空间透视、空间美学规律、专业图纸表达、建筑材料运用、软装配饰、家具灯具选型等。餐饮空间设计是室内设计的核心课程，其承上启下的作用不言而喻。

图1-1 餐饮空间门厅区/作者自摄

图1-2 餐饮空间包厢就餐区/作者自摄

图1-3 餐饮空间包厢休憩区/作者自摄

图1-4 餐饮空间大厅就餐区/作者自摄

（二）课程内容与课时安排

表1-1　课程内容与课时安排表

课程名称	课程教学任务		教学任务目标	计划课时
	主任务	子任务		
餐饮空间设计	课程描述与技能要求	课程性质介绍	了解餐饮空间设计课程的性质、课程安排的计划和主要完成的任务，强化为完成本课程需求的各种专业技能	4
		课程内容与计划安排		
		技能要求		
	基础知识与项目解读	基础知识讲解	1. 明确餐饮空间设计概况及基本知识要求 2. 理解项目内容和需求，确定设计内容 3. 制定完成项目的计划 4. 掌握市场调研分析方法的基本知识	16
		设计项目解读		
		项目调研与资料收集		
		任务制定与进度安排		
	平面布局与功能定位	平面总体布局	1. 掌握餐饮空间功能区域布置的基本原理和方法 2. 掌握提出问题、分析问题、归纳总结的技能 3. 掌握功能分区、流动线设计和空间规划的基本方法	20
		区域功能定位		
		流动线设计		
		区域布局规划		
	概念设计与创意来源	概念提出、元素提炼	1. 整理收集资料，归纳调研内容，分析相关信息，提出设计概念 2. 具备设计创意、设计分析能力 3. 具备设计逻辑关系表述和讲解能力	24
		创意思维训练		
		设计提案形成		
	设计深化与成果表达	材料软装配饰选样	1. 熟悉建筑材料的性能，了解装饰配饰的形态与空间关系 2. 具备空间建模能力及效果表达能力 3. 熟悉运用各种专业软件，掌握施工图纸绘制工程构造及结构大样的做法 4. 具备正确表达设计意图的能力	32
		设计效果图制作		
		技术图纸绘制		
		设计版面及成果发布		

（三）教学目标

能根据业主需求、设计任务书的要求以及针对的消费人群，设计出适合该区域的餐饮空间，通过在设计过程中的训练，围绕应用型、实用型、高素质、高技能培养目标展开教学，强化项目的可行性、可操作性，增强学生对实际工作的参与度和项目实战能力；围绕"培养具有大设计意识、国际视野、人文情怀与工匠精神的高技能设计创新人才"的培养模式，培养符合社会需求的实用型、高技能的人才；以工学商结合为主体，坚持"高技能、有创意、懂材料、会制作"的人才培养目标，走产教融合、协同创新的办学道路，实现学业与职业的有效对接。

首先，餐饮空间设计教学是以项目为引领，不放弃原有的专业理论体系，专业理论是系统化学习一门专业的基础，是实际项目操作的基础。理论与实际结合是教学的基本要求。在该课程的学习中，教师需要把餐饮空间的一些基本理论知识传授给学生，让学生形成一套理论体系。

其次，通过设计项目包引领学生的思维，把岗位工作项目转换为学习项目，形成以岗位能力培养为核心的项目课程，形成由课程项目包组成的逐级递进的课程项目包系统，引领课程体系、教学内容和教学模式的全面改革，把基本空间理论与实际项目结合起来。

再次，教育模式围绕"项目制"教学展开，实现教学内容项目化、学习情境岗位化、学习过程职业化、学习成果社会化。增强学生对实际工作的参与度和项目实战能力，强化职业核心能力，优化职业迁移能力，提升职业综合素质，实现学生向职业人的有效转换。

（四）教学方法

加强对学生实际职业能力的培养，强化案例教学或项目教学，注意以任务引领型案例或实际项目来激发学生的学习兴趣，使学生在案例分析或完成项目的过程中掌握餐饮空间的设计操作。

以学生为本，注重"教学互动、教学相长"。通过选用典型设计项目，由教师提出要求或示范，组织学生进行活动，让学生在活动中增强职业意识，提升职业能力。

应注意职业情景的创设，以多媒体、录像、案例分析、角色扮演、实验实训等多种方法来提高学生分析问题和解决问题的职业能力。

教师必须重视实践，更新观念，加强校企合作，实现工学结合，走产学研相结合的道路，探索中国特色高等职业教育的新模式，为学生提供自助发展的时间和空间，提供轮岗实训的机会和平台，积极引导学生提升职业素养，努力提高学生的创新能力。

二、技能要求

（一）专业基础

在餐饮空间设计之前，需要专业基础、专业技能和美学理论知识的支持，这些方面需要特别训练，也需要平时对生活的观察与积累。

1．素描

素描的作用主要是空间构图、造型搭配、设计表现等，同时也是训练美感的方式。素描是艺术创作和表达设计创意的一种绘画形式，体现了设计师的设计思维、审美理念和艺术个性。素描与艺术设计关系密切，是艺术设计程序的一部分，是艺术设计的基础。

对于餐饮空间设计来说，学好设计素描的主要作用有：

（1）通过对素描的训练，能准确地表现对象和创造新的形体，掌握形体的透视变化规律，对物体结构进行严谨和理性地描绘，通过线条对形体结构和空间进行充分表现，培养设计需要的空间思维能力与想象力。（图1-5）

（2）利用光影，充分地表达立体感和空间感，以突出设计创意。从光影关系、黑白灰关系、写实描绘入手，全面提升对黑白灰关系的把握能力、对光影关系与材质肌理的感受和表现能力。（图1-6）

（3）加强速写和记录能力，这种能力使设计师的感受和想象形象化、具体化。速写是一种训练造型综合能力的方法，最能锻炼设计师眼、脑、手相互协调配合的能力，能及时定格下设计师对事物的观察和感受，具有很强的记录性和生动性，是设计师保持敏锐状态的最佳方式。（图1-7）

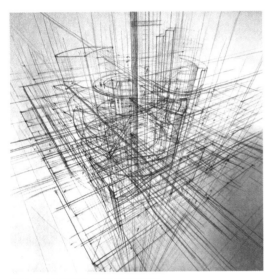

图1-5 建筑结构素描/临摹作业

图1-6 材质肌理素描/临摹作业

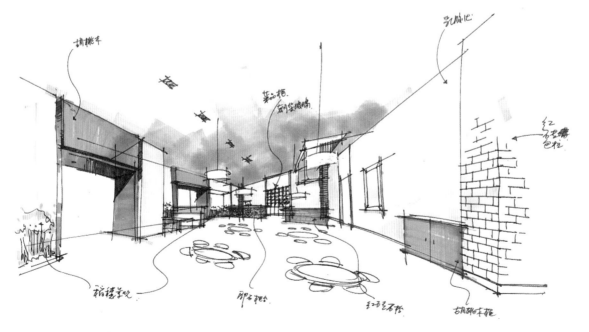

图1-7 设计方案手稿/赵飞乐

（4）素描能提高设计师的创造能力。设计是一项创造性活动，需要丰富的想象力和创造力，在客观物体的基础上可以进行合理的联想，改变物象的形状、性质、时间与空间状态，从而创造出新的形态。素描能够从思维方式、造型观念、表现技法等方面培养艺术设计所需要的想象力、创造力、思维方式以及造型表现的技能技巧。（图1-8）

2. 色彩

色彩是重要的设计基础，不仅关系到审美能力的培养和效果表现，同时色彩搭配也对空间的氛围营造起到很重要的作用。餐饮空间的色彩设计主要是通过材料、配饰、家具、灯光效果等方面体现出来的。

色彩学的运用主要体现在三个角度：物理角度的光、心理角度的情感、艺术角度的视觉。这对于设计来说都很重要，在餐饮空间设计之前必须深刻理解这些基本理论。比如光的问题，扩展开来讲，色彩的形成是光波的视觉反应，研究色彩必须先研究光，光线是室内设计最为关键的要素，光和色彩的关系不仅是一门艺术，更是一门科学，如何合理地处理光和色在人们生活中的美学、生理和心理的反应，是设计师必须清楚的事。

色相、明度、纯度是色彩的基本要素，色彩的三原色及其组合等都是我们应该掌握的基础知识。在餐饮空间设计中，运用相似色和对比色进行搭配是使用较多的一种方式。（图1-9、图1-10）

3. 构成

构成的运用，是多方面知识的综合，有色彩的综合，有空间的关系，也有美感的训练，有些构成元素可以在实际的设计中直接运用。

构成是艺术设计的视觉语言，以抽象的几何图形和点、线、面的变化作为主要表现形式，通过形态、色彩创造出强烈的空间感、节奏感、韵律感和秩序感等。（图1-11至图1-14）

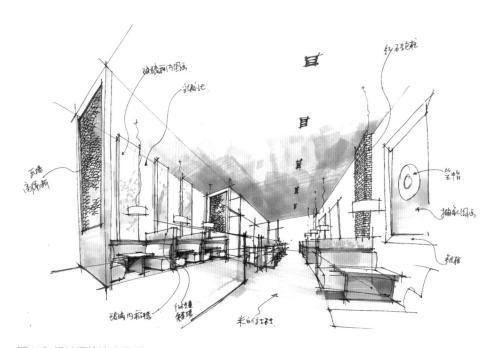

图1-8 设计手绘稿/赵飞乐

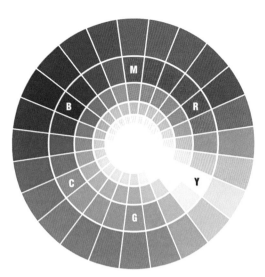

图1-9　蒙塞尔色彩要素立体图

图1-10　色彩中的色相环

图1-11　平面构成

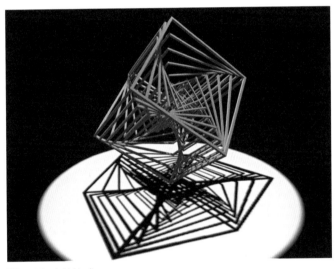

图1-12　立体构成

图1-13　色彩构成空间1

图1-14　色彩构成空间2

（二）专业技能

1. 测绘制图能力

测绘制图能力是对现场掌控和图纸表达的关键，也是设计沟通的关键。餐饮空间内部的构造形态较其他空间更为复杂，业主提供的原始建筑图纸不一定能反映出现场的所有情况，因此对现场测绘并将现场情况、尺寸转换为专业图纸是设计准确与否的重要前提。（图1-15、图1-16）

2. 手绘表达能力

手绘表达能力用途很广，是一个设计师的基本素质，方便设计师把设计意图记录下来，同时方便沟通。设计师的创意思维有时是跳跃性和间断性的，设计师可以通过手绘快速将自己的设计意图记录下来，同时在方案讨论和方案汇报时，娴熟的手绘表达能快速地将自己的设计构思呈现出来，便于与他人交流，提高工作效率。

3. 模型制作能力

模型的作用主要是增加空间感，在3D效果图没有最终完成之前，设计师通过空间模型的制作，能使项目的各参与方真实地感受空间的结构、韵律等。（图1-17）

4. 版面设计能力

版面设计是设计表达的关键，也是设计逻辑关系呈现的必要步骤，一个良好的版面设计可以使设计方案更加吸引客户。（图1-18）

图1-15 现场测绘

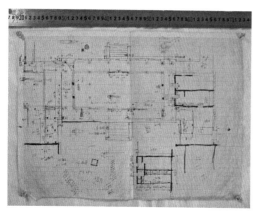

图1-16 测绘原始记录手稿

图1-17 建筑模型制作/学生作业

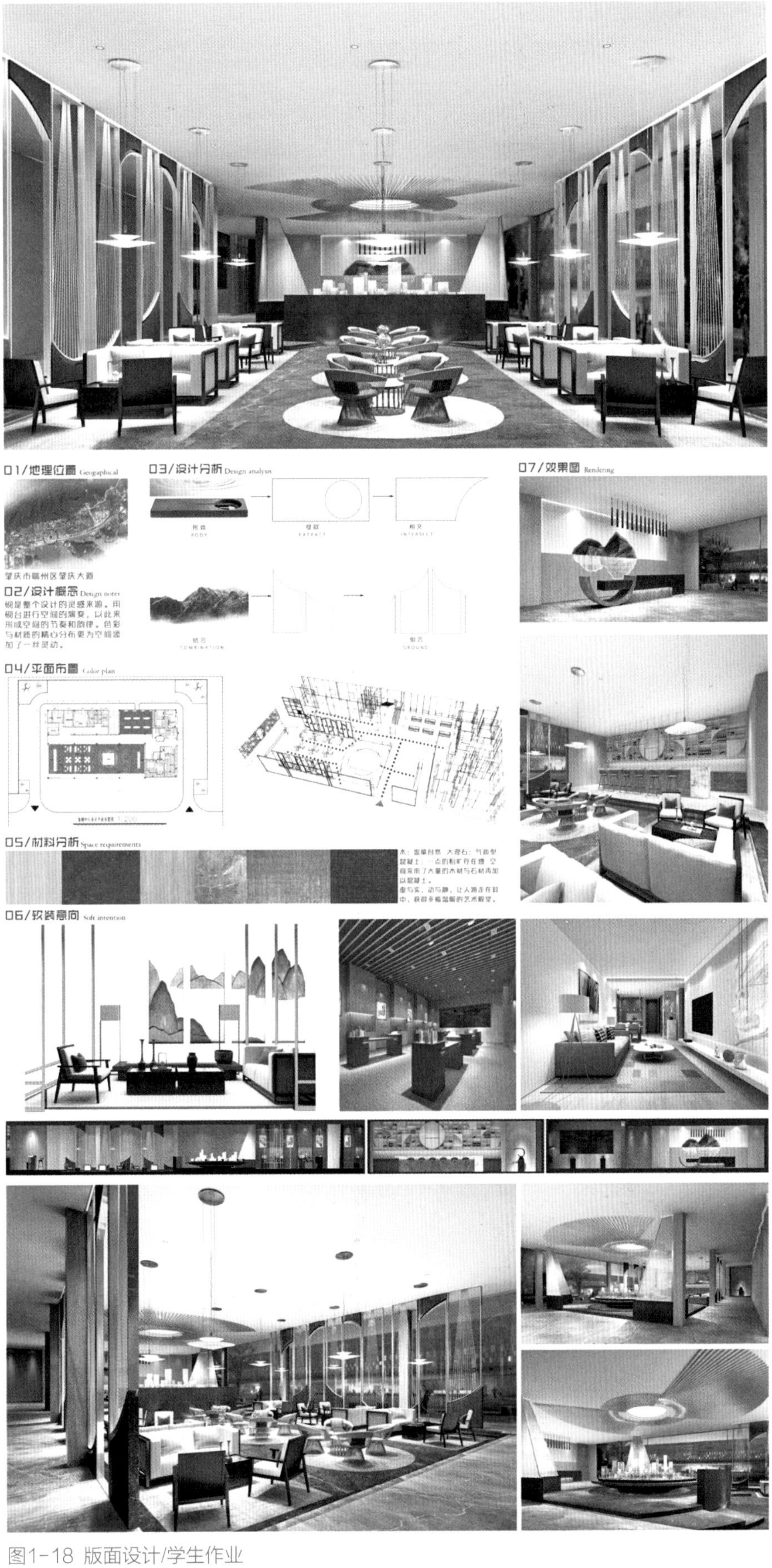

图1-18 版面设计/学生作业

5. 电脑辅助设计能力

设计专业的软件主要包括AUTO CAD、3DMAX、PS、AI、ID等，电脑辅助设计可以强化设计效果、提高效率，是设计师必不可少的工具。

（三）专业理论知识

1. 人机工程学知识

人机工程学对于设计行业来说是非常重要的一门学科。尤其是室内设计，人在空间中活动，离不开基本尺度准则，如果室内设计师缺乏必要的人机工程学知识，则很难设计出满足人们正常使用功能的空间。人机工程学分为两种：固定的标准位置的静态尺寸和活动的动态尺寸。在餐饮空间设计中，人机工程学主要应用在家具、设备、通道等处，很多有经验的设计师在长期的设计总结中，对尺度已经得心应手，但初学者还需要查找数据和体会空间感。

对于室内设计师来说，在设计餐饮空间的时候主要考虑空间与家具的摆放，这里有固定家具也有活动家具，有家具本身的尺度以及使用家具应预留的尺寸，不同的空间使用家具的尺寸也不一样。这要求设计师熟悉人机工程学，把握空间尺度。（图1-19）

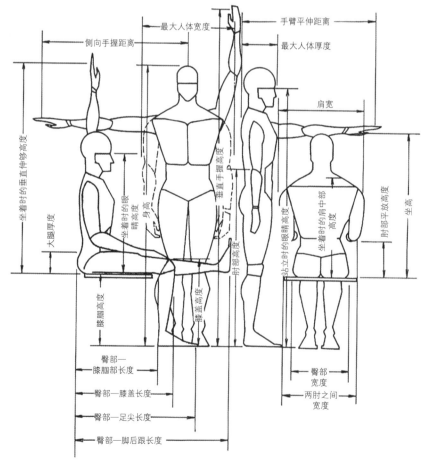

图1-19 人机工程学尺寸

2. 建筑空间基础知识

空间是建筑产生的前提，建筑又创造了空间，不同的空间给人的感受是不同的，不懂建筑知识，对空间的把握力欠缺，很难设计出好的室内作品，同时在工程中也将遇到很多技术问题。（图1-20）

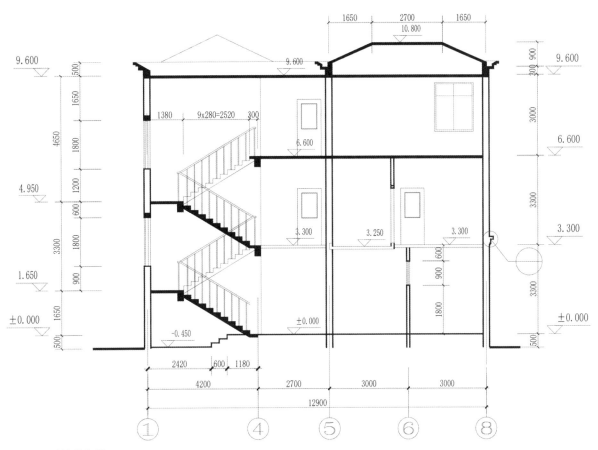

图1-20 建筑结构图

一

基础知识
与项目解读

学习目标

1. 明确餐饮空间的设计概况，了解餐饮空间环境设计的重要性。

2. 学习餐饮空间设计的有关概念。

3. 掌握餐饮空间的基本设计内容和设计方法。

学习要求

1. 理解餐饮空间设计的人性化理念。

2. 掌握餐饮空间的场所精神与空间形式。

3. 掌握餐饮空间的设计方法与程序。

4. 能够运用空间设计理论及有关知识进行设计任务的制定。

教学情景

采取任务驱动和项目教学方式，实现理论、实践一体化教学，以课堂讲授为主、课外实践为辅进行教学。

教学步骤

1. 讲解餐饮空间的相关基础理论知识。

2. 根据先前讲述的基础理论知识，确定餐饮空间设计任务书。

3. 收集相关资料，制定项目进度计划表。

考核重点

掌握餐饮空间的基础理论及设计的基本步骤，能正确解读项目的设计任务并制定符合要求的餐饮空间设计任务书，科学安排设计进度和计划。

一、基础知识

（一）餐饮空间的概念及分类

微课视频2-1

1. 餐饮空间的概念

餐饮服务指在一定场所，对食物进行现场烹饪、调制，并出售给顾客用以消费的服务活动。餐饮空间是餐饮服务行业为消费人群提供服务的场所，如餐厅、咖啡厅、酒吧等室内或半室内空间。餐饮服务一般包括正餐服务、快餐服务、饮料及冷饮服务、其他餐饮服务等，而以上服务的过程均发生在一定的场所中，也就形成了各种类型的餐饮空间。

2. 餐饮空间的分类

（1）根据经营内容分类

①中式餐厅：以中国菜肴、中华文化和民俗为特色，在环境的整体风格上体现中华文化的精髓。因此，中式餐厅的装饰风格、室内特色以及家具、餐具、灯饰及工艺品，甚至服务人员的服装等都围绕中华传统文化与民俗展开设计创意与构思。（图2-1）

②西式餐厅：经营国外（主要是欧洲和北美）饮食、富有异国餐饮情调的餐厅，以法国、意大利风格为代表的欧式餐厅居多。西式餐厅通常更强调就餐时的区域划分。（图2-2）

③宴会厅：作为大规模的餐饮和礼仪场所，一般设置在高档饭店、宾馆内。宴会厅满座人数一般在 200～500 人，也有一些特大型的宴会厅满座人数可达千人。宴会厅最大的特点是室内空间较大，大型宴会厅的使用率相对较低。（图2-3）

④快餐厅：是以经营快餐为营利目的的经营性实体店。快餐是指预先做好的、能够迅速提供给顾客食用的饭食、便当等。快餐厅用餐者不会多停留，更不会对周围景致用心观看、细细品味。所以，快餐厅的设计一般以快节奏、明快色彩、简洁的造型手法为佳，以使用餐的环境达到明快、简洁的空间效果。（图2-4）

⑤风味餐厅：是指以经营特色菜肴、地方菜系为主的餐饮场所，它不仅在经营菜系上有自己独到的特色，并且在服务方式、环境氛围等方面都独具匠心，常附属于各种商业建筑。（图2-5）

⑥咖啡厅：是在正餐之外，以咖啡、酒水等为主进行简单饮食、稍事休息的场

图2-1 中式餐厅空间效果/作者自摄

图2-2 西式餐厅效果图/作者自摄

图2-3 合肥万达酒店宴会厅/作者自摄

图2-4 必胜客快餐厅设计效果图/陈博佳

图2-5 客家风味餐厅/梅文兵

所，属于休闲类餐饮空间。咖啡厅的规模比酒楼、餐馆要小些，空间氛围以别致、轻快、优雅为特色。（图2-6）

⑦茶室：亦称茶馆或茶吧，主要以品茶、社交、休闲为目的，兼有供应点心熟食的餐饮场所。就现代茶馆的功能要求而言，它包括主体空间和附属设施空间两部分。室内环境装饰上以体现茶艺文化、民俗特色及环境氛围为特点。（图2-7）

（2）根据服务方式分类

①餐桌式服务餐厅：具体是指顾客由服务人员引导就座后，从接受点菜、上菜、分派菜等均围绕餐桌进行，这是餐饮空间普遍使用的服务方式。我们通常所讲的餐饮服务，大部分都以餐桌式服务为主。

图2-6 咖啡厅设计效果图/邝思苑/指导老师 梅文兵

图2-7 水墨禅语茶室设计效果图/马嘉成/指导老师 梅文兵

②柜台式服务餐厅：在长条形柜台两侧，分别是就餐者和提供膳食及服务的厨师。就餐者从点菜、等候直到就餐，始终位于柜台的一侧，而厨师的烹饪加工过程就在就餐者注视之下完成。此类餐厅注重供餐的速度，且能让就餐者亲眼看见菜肴被加工出来，增加顾客的体验感和互动性。（图2-8）

③自助式服务餐厅：是指将加工好的熟食、点心、饮品等放在若干个大型台面上，由顾客自行取用，常见于酒店、宾馆等附属经营的餐饮场所中。同时，自助式服务也指快餐厅的服务方式，从点菜、交款、取菜直到用餐，均由顾客独立完成。（图2-9）

（3）根据营业面积分类

①小型餐厅：一般指营业面积在100m²以内的餐饮空间，这类空间功能比较简单，着重于室内氛围的营造。

②中型餐厅：一般指营业面积在100~800m²的餐饮空间，这类空间功能比较复杂，除了加强环境氛围的营造之外，还要进行功能分区、流线组织以及一定程度的围合处理。

图2-8 柜台式服务餐厅/作者自摄

图2-9 自助式服务餐厅/作者自摄

③大型餐厅：一般指营业面积在800m²以上的餐饮空间，这类空间功能更趋复杂，应特别注重功能分区和流线组织。

（二）餐饮空间的设计现状

近年来，随着社会经济的发展，大众餐饮逐渐兴起，餐饮业原本两极分化的结构逐渐转化为以大众餐饮为主的结构。伴随着社会经济的进一步发展，人们生活水平的提高、闲暇时间的增多，百姓日益成为大众餐饮业的固定群体。各地的餐饮业也逐渐通过改善就餐环境和就餐体验来最大限度地吸引消费群体。

1. 餐饮主题设计概念的引入

随着社会的发展和人们精神文化需求的提高，追求个性化、多样化的消费观念已成为一种时尚。现代餐饮空间设计注重与餐饮文化相结合，把人的情感需求放在首位，更需要有鲜明的主题作为载体。而主题是餐饮空间环境向目标顾客群体表达的中心思想和经营理念，也是餐饮业市场定位和服务定位的一种体现，并通过一些具体的艺术形象进行传达。因此，把包含某种特定内容的一种或多种主题作为设计理念，以此来塑造特定的餐饮环境，使人们在用餐的同时通过观察和联想，进入设计师期望的主题情境，如：感受地域特征、重温某段历史、了解某种文化等。并且作为主题的内容可以是多种形式，如：文化内涵、文化符号、历史事件、著名人物、思古怀旧、特定环境等。这种以某种主题作为设计理念的餐饮空间设计，使得主题餐厅的概念悄然兴起，为现代餐饮空间的设计注入了新的活力，受到人们的普遍喜爱。（图2-10）

2. 绿色生态设计理念的引入

工业文明的发展、城市化进程使人们逐渐远离自然，生活在钢筋混凝土所构筑的城市环境中。随着生态环保意识的增强，人们更加向往自然，追求低碳生活，渴望居住在绿色的生态环境中。这种渴望促使设计师在引入绿色生态设计理念方面下功夫。例如，在餐饮空间设计中创造舒适的田园气氛，将室外的绿色景观引入室内空间中，强调自然色彩和天然材料的应用，采用艺术手法和自然风格创造淳朴的乡村意境等。设计师通过运用具象的、抽象的设计手法来使人们联想和感受到自然，体现一种回归自然的人文关怀，以绿色生态的设计理念，满足消费者的心理需求。（图2-11）

3. 互联网技术及相关设计理念的引入

互联网技术的植入可以提升餐饮空间的动感设计，现代餐饮空间设计的发展已不再局限于立体、静止的空间设计，而是趋向于三维尺度与时间、信息相结合的动感设计。运用有动感的设计打破静止不变的空间状态，所表达的设计理念应具有趣味性、流动性的特点，使场景更加活跃，让就餐环境显得轻松有趣，有利于调动消费者的情绪，激发消费热情。动感的情景设计可以是室内声环境的运用，如：运用瀑布、流水形成一

图2-10 海洋主题餐厅设计/李志彭/指导老师 梅文兵

图2-11 园林酒家设计效果图/姚梓仪 田文娟/指导老师 兰和平

个良好的自然生态环境，可以把人的心境由室内引向室外，使人心旷神怡；或者是运用电子产品、电脑网络于餐饮空间中，随时给顾客带来当前的信息资讯。（图2-12）

图2-12 广州机器人餐厅/作者自摄

4. 休闲体验设计理念的引入

随着生活水平的不断提高，人们越来越追求生活品质，生活方式悄然发生改变，消费观念从物质需求逐步转向精神需求。消费过程中更重视商品本身以外的附加值，强调消费场所文化氛围的构建，讲究感官体验。在休闲体验设计理念的发展下，大众餐饮空间慢慢地衍生成为调节生活情趣、情感交流的休闲场所。个性、时尚、新颖、环境的独特性也成为人们外出用餐的选择标准。消费者更加关注购物、娱乐所带来的参与感、体验感以及精神上的满足感。

（三）餐饮空间的设计趋势

1. 功能复合化

餐饮空间的功能复合化是以消费者的需求作为切入点，将消费者的多种不同需求融入空间设计中，满足消费者的多种功能需求。随着生活水平的不断提高，大众餐饮空间从单纯的味觉消费提升到了兼具视觉和精神层面的消费，餐饮空间不单单是单一的饮食空间，而是集放松、休闲娱乐、社交等功能于一体的综合性空间。餐饮空间功能复合化也是顺应时代发展的需求，满足人们对美好生活追求的必然产物。

2. 文化多元化

在餐饮空间越发同质化、竞争越发激烈的今天，个性、舒适、富有文化特色的就餐空间方能长盛不衰，彰显生命力。休闲文化强调人的身心得到放松，精神得到慰藉，物质与精神融为一体。大众餐饮想要在消费市场站稳脚跟，就需要在餐饮空间的设计上充分融合传统、当代等不同时期的文化内涵，解构消费者和市场需求，从传统文化中挖掘设计手法、装饰符号、色彩象征意义等；从时代文化中探寻时代符号，把文化特色作为切入点，凸显各地域的饮食文化特点，再将现代设计语言和技术手段有效结合，使餐饮空间呈现出多样性和多元化。

3. 信息数字化

信息的数字化是时代进步和科技发展的表现，数字信息在用餐空间中的普及将是必然趋势。餐饮空间的信息数字化指的是新的科学技术手段在餐饮空间中的应用，它包括技术的数字化和服务的数字化。当前，消费者已经习惯了数字化带来的速度和便捷，"互联网＋"餐饮给餐饮业带来了新的机遇。网上点餐、网上预订餐厅、网上支付、手机下单、屏幕上滚动菜谱等数字化流程大大提高效率，节约时间。大众餐饮空间里智能化照明系统的运用、智能家居、数字化全息投影等高科技的应用，使餐饮服务越来越便捷和人性化，能够更好地推动餐饮业和餐饮空间的发展。（图2-13）

4. 情景体验化

随着消费需求升级，吃饭已经不仅仅是吃饭了，消费者越来越注重感官体验，以期在闲暇时间获得更多的精神满足。体验也成为消费的一部分，消费者越来越重视餐饮空间环境所传达的文化氛围，从而获得丰富的体验。因此未来的餐饮空间将更加注重空间环境的营造，从味觉、视觉、触觉、听觉等角度去满足顾客的感官体验、情感需求、氛围感受，满足顾客多层次的体验需求。（图2-14）

图2-13　信息数字化餐厅普及/作者自摄

图2-14　上岛餐厅空间体验/作者自摄

（四）餐饮空间的设计原则

1. 灵活性原则

灵活性原则包括运用地域文化元素，通过饮食文化领略不同地域的文化底蕴。不同的地域，不同的饮食习惯，审美标准也不同，技术手法、装饰符号、色彩象征意义都有所不同。因此，在餐饮空间设计中要把文化特色作为切入点，灵活融入各地域的饮食文化特点，再有效结合现代设计语言和技术手段，展示丰富的文化底蕴。

灵活性还在于个性化、差异化的表达。在竞争激烈的今天，个性化、差异化的创意设计才更能吸引眼球。灵活运用色彩、材质、照明、空间形态来表达空间的个性化，满足消费者求新的心理，才能引起顾客共鸣。比如，采用新材料和新装饰技术手段，体现当下的审美观和时代个性。任何一个层面的设计得到突破，

实现了差异化，其空间设计才能使人眼前一亮。（图2-15）

2. 以人为本原则

休闲时代下的消费者从理性消费到感性消费，消费过程中更加看重主观感受和无形的附加值，注重感官体验。餐饮空间基于"人"的需求而出现，因此人的感官体验也是餐饮空间设计中必须考虑的因素。餐饮空间始终是为"人"而准备的，因此人文因素、精神需求在大众餐饮空间设计中的比重越来越大，餐饮空间设计需要把"人"作为主体需求、作为方向标，以人为本，每一处细节的设计都要彰显人性化，通过多种形式来营造舒适、温馨的就餐空间环境，满足消费者的情感需求。

另一方面，以人为本需要装修适度。考虑消费者的真正需求，并不是用高档材料堆砌空间，而是根据餐厅的定位和品牌形象，营造符合消费者需求的用餐环境，合理利用有限的空间营造出消费者需要的情境氛围。以人为本的设计本质是营造更为合理的生活氛围，满足人的多元需求。

3. 市场导向原则

餐饮空间作为商业空间，需要考虑盈利，也必须考虑市场导向，也就是说大众餐饮空间的创新和发展，需要从市场需求出发，把握市场脉搏，立足于消费者需求和竞争对手分析。因此，设计师要了解市场发展动态、分析市场发展趋势，以此来定位目标消费群体，根据市场需求，确定餐饮空间的定位，从而刺激消费。

4. 绿色生态原则

随着时代的发展，绿色、健康理念越来越深入人们生活的方方面面，也成为大众餐饮空间设计中设计师日益追求的理念。绿色生态原则既是一个重要的美学原则，也是空间设计的发展趋势。

一方面绿色生态原则体现可持续发展的理念，缓和发展与自然环境资源之间的矛盾。餐饮空间的"绿色设计"，强调对材料的环保、健康、安全等方面的考虑，家具材料、技术、照明、环境等每一个方面也都应体现绿色生态原则。（图2-16）

另一方面绿色生态原则体现在绿色空间布局上。在合理进行空间平面布置的基础上，协调室内外环境，利用周围自然资源打造室内环境的实用性，使得空间布局更为

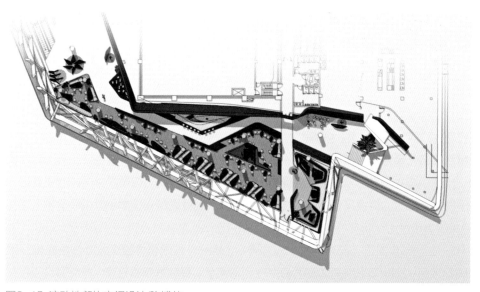

图2-15 流动性餐饮空间设计/陈博佳

图2-16 绿色餐厅/作者自摄

合理、高效，在视觉上营造舒适的就餐环境。例如，空间内部的通风设计要尽量考虑自然通风，门窗的方向也应考虑自然通风和光照的条件，确保空气流通。这样不仅可以调整室内温度，也可以减少空调的使用；通过增加窗户数量或更合理地设计窗户位置及面积，能加强对自然光的引入，提高采光度，从而降低人工照明率。自然采光和通风为室内空间增添了自然气息的同时还可以节能。

（五）餐饮空间的设计内容

1. 空间形态划分

多维度的空间布局能够满足人们多样性的情感需求。空间形态划分有助于高效利用有限的空间，满足顾客就餐活动的需求，在有限的空间发挥想象力对内部空间进行重新组合与构造。空间形态组合会影响消费者的感官体验。空间形态的大小组合，空间封闭和开敞、动静态的组合都可以丰富空间层次，满足不同用餐需求。例如，方形空间给人纵深感，拉长视觉空间，地面的升降或者逐级抬升在垂直方向上可丰富视觉层次。（图2-17）

桌椅的组合摆放也起着重要的作用。桌椅摆放需要考虑将不同类型的桌椅组合搭配，以此满足不同的就餐需求，忌讳同类型的桌椅一个方位从头摆到尾，这样让人一眼看穿，毫无新意可言。视线上适当进行遮挡，例如不同就餐区的半围合分割，既增加视觉层次感，又满足私密性的需求。

按照消费者多维度的空间需求，餐饮空间划分需要考虑空间封闭和开敞性、动态和静态的组合，升华空间功能。因此，通过不同方式将空间划分为各种形态并加以组合，使空间的层次分明、错落有致，使顾客在餐饮空间中感到新奇和舒适满意，是空间形态划分的目标。

2. 人流路线设计

人流路线（简称"流线"）的概念最初用于建筑设计中，是指人和物在建筑空间中移动的行为轨迹，是建筑功能要求的体现。伴随着社会的发展，人们对于建筑室内空间功能需求的多样化，促使了建筑室内空间设计的发展，而如何将日益复

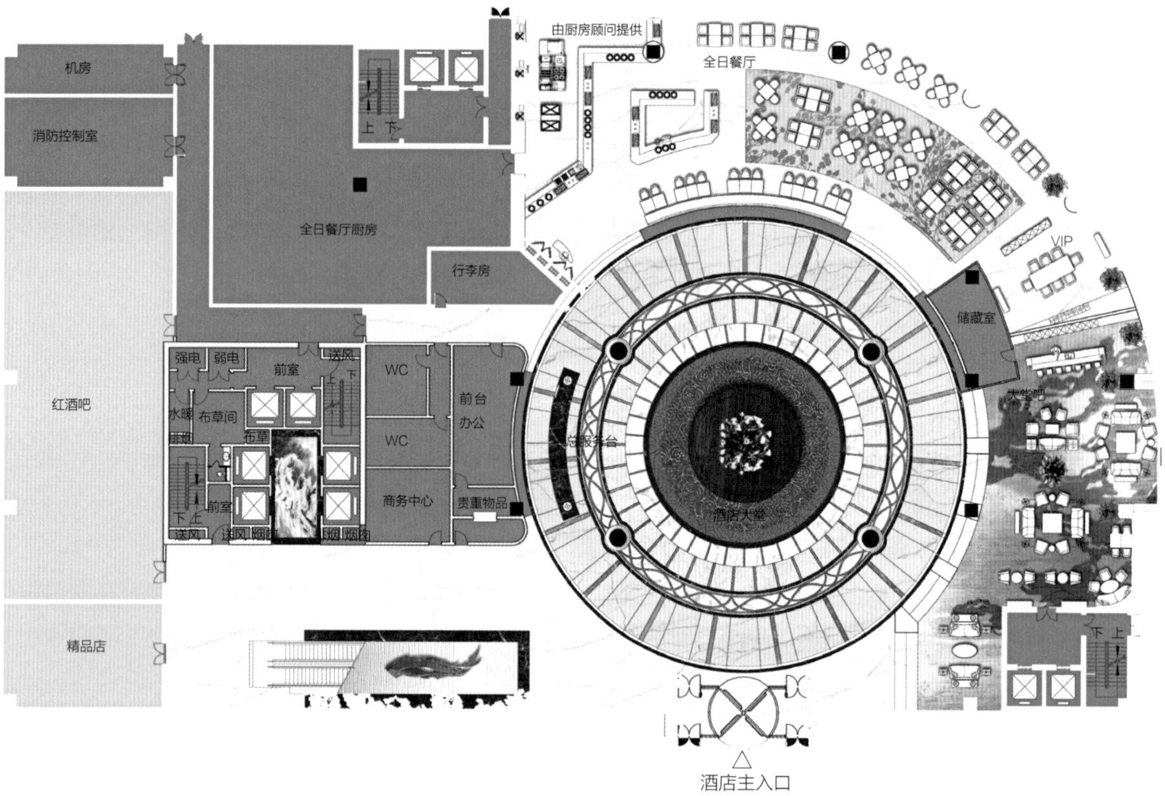

图2-17 餐饮空间平面形态划分示意图/梅文兵

杂的功能关系贯穿于室内空间组织中，并可以被人们合理、高效地使用，这成为设计师普遍关注的问题。于是，作为功能要求体现的流线设计被充分重视起来，它的基本功能要求是保证人流、物流的顺畅、便捷，避免不同流线的相互交叉干扰。在公共空间，特别是在餐饮空间中，流线设计尤为"引人注目"，它体现着各功能分区之间的关系。因为在餐饮空间中活动的人流量大，所包含的内容也较多，各部分之间有着复杂的联系与分隔，人流、物流等各种流线穿插其间。餐饮空间流线设计的目的就是一切为空间中的主体服务，使空间组织与人流、物流及信息流保持协调，通过设计手法（如功能分区、标识设计），保证人流、物流的分流方向各自顺畅、不混流，信息流的传达及时、准确，避免流线间不必要的交叉。（图2-18）

3. 视觉质感营造

视觉质感是通过人的眼睛所感受到的环境营造出来的质感。视觉美学元素主要包括灯光布置、色彩搭配、空间界面装饰、陈设等方面。灯光直接影响着餐饮空间的视觉氛围，除了照明之外，灯光本身的特性（色彩、色温、亮度）所营造出来的环境可以让我们在视觉上产生不一样的感受。色彩是视觉审美上的重要元素，色调的强弱与明度的差异化对比均能给人不同的心理感受，是餐饮空间不可缺少的设计元素。空间界面装饰主要指地面铺贴装饰、墙面装饰、顶面装饰。科学的空间界面装饰能给消费者带来更好的用餐体验，有利于从视觉上提升整体氛围，营造视觉质感。陈设指内部空间物品的摆放，起到提升视觉效果和空间氛围的作用。

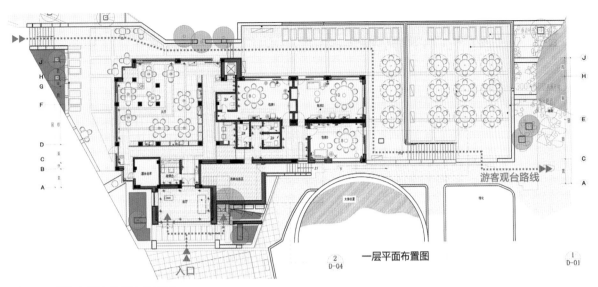

图2-18 餐饮空间流线设计/赵飞乐

4. 听觉情境营造

餐厅的听觉元素主要是指音乐元素的应用，音乐元素的应用也是新时代下餐厅为满足消费者多样化需求的趋势。将音乐作为设计元素融入空间，能强化消费者的感官体验，打破感官体验的边界，使味觉、视觉、触觉和听觉的体验融为一体。音乐与餐厅设计的结合，应该根据餐厅的定位进行音乐的选择，比如快捷餐饮品牌，人流量大、翻台率高，因此音乐的选择上应该偏向于欢乐、轻快的类型；情侣餐厅注重用餐的环境氛围，因此音乐应该选择浪漫、轻缓的类型，营造温馨浪漫的用餐氛围。同时，音乐也需要根据季节来调整。

二、项目解读

（一）项目设计任务书制定

微课视频2-2

项目设计任务书是指导工程建设的纲领性文件，是确定建设项目和建设方案包括建设依据、建设规模、建设布局、主要技术、经济要求等的基本文件，也是项目设计的主要依据。设计任务书的作用是对可行性研究所推荐的最佳方案再进行深入解析，进一步分析项目的利弊得失，为工程项目建设的最终决策和初步设计提供依据。

设计任务书制约着项目建设的全过程和各个方面。一个建设项目，如果设计任务书的编制和审批符合程序的规定，其深度、科学性和可靠性达到了规定的要求，即所谓"决策得当"，这项工程的建设就能顺利进行，并能取得预期的经济效果。反之，如果设计任务书缺乏科学依据或流于形式，即所谓"决策失误"，那么这项工程上马后，势必造成建设过程中各个环节工作的被动和浪费。设计任务书是项目建设的依据，它应当提前进行编制，以确保有合理的设计周期和充裕的时间进行建设准备。

根据建设项目情况的不同，设计任务书的编制也有所不同，但基本上都是由项目概要、设计理念、总体规划、功能要求和设计成果五部分组成。（表2-1）

表2-1　项目设计任务书的编制要点

1	2	3	4	5
项目概要	设计理念	总体规划	功能要求	设计成果
场地形状、面积、地势	生态环保的	建筑物类型	空间利用	设计提案
周边环境、设施	现代简约的	建筑面积	交流场所提供	意向参考
交通状况	传统思想的	造价	各种动线组织	设计方案
市政设施状况	世界一流、高品质的	功能区域	空间家具布局	效果表达
建设方情况简介	欧美风情的	路线设置	门窗位置开启方向	施工图纸
主要消费群体	绿色健康的	交通组织	通风、采光、景观要求	项目预算
设计进度计划	人文关怀的	配套设施	设备实施要求	设计管理
……	……	……	……	……

1. 项目概要

几乎所有设计任务书的第一部分内容都是项目概要叙述。其内容包括项目名称、规模、场地及周边环境（包括自然环境和周边其他设施的状况）、交通、市政、建设方的情况、主要的消费群体介绍等。（图2-19）

2. 设计理念

设计任务书在这部分针对项目提出一些层次、风格或流派的要求。例如世界一流的、现代或后现代主义的、生态环保的、传统的、人文关怀的等。根据具体情况，有些理念需要表达得清晰明确；也有些理念表达时可能相对模糊，在建筑策划学中被戏称为"Lip service"的任务陈述方法，而这种方法要根据项目需要和对甲方的了解恰当运用。（图2-20）

3. 总体规划

这部分内容是建设方针对总体计划提出的一些具体要求。根据任务书的不同，列入的章节也会有所不同，除了表2-1中所列之外，还可能包括容积率、绿化面积、建筑高度等。在室内设计项目中，总体规划还可以包括空间使用率、人流路线规划等指标要求。

4. 功能要求

这部分比较详细地对建筑物应该具有的功能进行描述，是设计任务书的重点内容。其内容不仅包括各空间的具体使用功能、空间的布局、各功能空间的面积要求、交流场所的提供、各种人流动线、房间通风采光的需求、视线要求、界面处理和色彩等，还应包括生活废水利用、环保材料使用、空调管道的设置、灭火设施的要求以及保温隔热的需求。

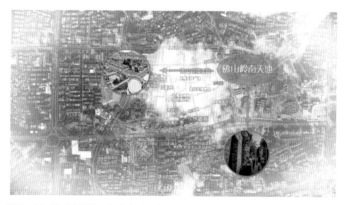

□ 地理位置

选址位于佛山禅城老城区岭南天地，祖庙东华里的中心地段。东起市东下路，西至汾江中路，南起建新路，北沿人民路。

□ 交通情况

往广州市中心——半个小时

往广州南站——约20分钟

□ 周围环境

老城区由于时代的发展保留下大量过去的老建筑，随着经济开发，该地区正成为佛山重要的经济发达区域。

图2-19 地理位置调查分析/何涛/指导老师 梅文兵

冰
融

冰洁净清灵
冰融化，滴下的是晶莹剔透的茶

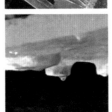

其意为冰在升温后，从顶部开始慢慢融化，其过程是一个从固态到液态、从直到曲的变化过程。设计师将这一过程作为设计概念，寓意着消费者在这个茶空间内愉悦欢乐的消费体验。

【茶疏】精茗蕴香，借水而发，无水不可与论茶也
【拾遗记】蓬莱山**冰水**，饮者千岁

唐代诗人曹松有诗云"读易分高烛，煎茶取**折冰**"

宋代杨万里说"锻圭椎璧调**冰水**"

图2-20 "冰融"概念餐厅设计理念阐释/范曼婷/指导老师 彭洁

5. 设计成果

这部分主要规定项目在各个设计阶段应该提供的设计成果，例如在方案设计阶段应该提供设计说明、概念设想、空间参考意向、手绘创意等文件，而施工图设计阶段应该提供平面布置图、地面材质图、间墙图、立面索引图、天花布置图、灯具开线图、立面图、节点大样图、材料选样表等。

（二）设计调研与资料收集

在线案例2-2

设计调研与资料收集就是室内设计展开之前相关信息的收集，它是室内设计程序中一个非常重要的过程，并对后面的各设计步骤产生重大影响。信息收集与处理得越全面、越详细、越准确，以后的设计就越顺利、越轻松、越容易，甚至可以说，它关系到一个室内设计项目的成败。设计中的调研是探索性和诊断性的，其目标指向对既有环境的重新设计或改造。在设计之前要明确问题、设定目标，问题和目标是设计的起点，也是调研的结果。设计调研的主要内容和作用如下。

1. 发现空间使用问题

调研收集到的行为信息和资料，其解读的关键点在于寻找现有环境中使用模式的问题。常见问题主要可以归纳为：过度使用、使用率低下、误用与异用、使用困难等。这些问题也是调研时需要重点关注的。设计师在调研时发现并指出问题，能够避免自己在设计实践中出现同类错误，也能够更有意识地关注空间中的使用者——设计的本体。

2. 寻找设计需求重点

认知信息一般都是通过言说类调研方法进行收集，调研的目的是发掘空间设计的机遇，把握设计的策略方向。在调研阶段大量收集使用者反映的意见和建议，如对环境有什么不满意之处、最希望改善什么、有什么建议等，再把这些信息汇总、统计，根据问题反映的次数排列出需求的重要性等级，客观地提出设计解决的优先顺序。设计师常用SWOT分析法来解析空间的问题和寻找设计重点。（图2-21）

Strengths
①政府与人民群众的支持
②周边经济发展带动的人流、客源
③本地固有的岭南文化特色
④经济发展新城区的开发
⑤带有现代特色的商业圈

Weaknesses
①周边同行业的竞争
②本地传统行业的压制
③人群的接受程度
④目前业种较为单一化

Opportunities
①新城区的发展
②二线城市带来的发展机会
③本地居民对旧时代建筑物的喜爱
④周边没有更好的餐饮场所

Threats
①人们对传统文化的漠视
②传统文化没有得到很好保留
③没有完善的经营模式
④同质化严重，竞争激烈

图2-21 餐厅设计SWOT分析图/何涛/指导老师 梅文兵

3. 客观评价实体环境

对于调研得到的实体环境信息，重点在于环境诊断，判断现状与理想环境之间的差距。对于实体环境的评价标准可以是空间本身的特性，也可以是对空间的感知。从空间本身的特性方面来看，主要有比例、尺度、材质、色彩、光照、流线、视线等；从空间的感知方面来看，主要有舒适、愉悦、安全、活力、可识别等。因此，通过对实体环境的调研，可以直接寻找出空间环境现状与同类型高品质空间所应具有的特性之间的差距。通过调研对比两者的差距，对环境设计相关理论知识进行验证，就进一步加强了对知识的理解。

4. 从设计调研到设计构思的转化

随着调查、整理、统计与需求点的提炼，原先模糊的设计目标逐渐清晰起来，针对某个空间的预期形象也逐步丰满起来。当调查成果充分展示出来时，项目前期研究的广度和深度，都得到极大的提升。丰富且具有清楚逻辑结构的信息能让人从整体角度解读空间的形式和内涵，理解设计的本质需求，也能从调研结果的数据中整理出众多空间问题，提出合理的解决策略。（表2-2）

表2-2　餐饮空间设计调查分析表

功能区域		面积大小	使用人数	配套陈设	装修材料	色彩样式	空间特征	备注
入口门厅								
接待等候区域								
就餐包房区	大包厢							
	中包厢							
	小包厢							
就餐大厅区	卡座区							
	散座区							
	吧台区							
	…							
配套区	卫生间							
	厨房							
	设备房							
	其他							

（三）项目设计进度计划表制定

在充分理解客户的展示意图和方案要求后，设计师需要根据要求确定项目设计的规模、内容及时间，制定一个设计工作的日程进度表，合理地安排设计过程中各阶段的工作时间，保证设计能够在规定的时间内完成。常见的做法是：把项目设计从开始到结束需要经过的各个阶段的起始时间统筹规划，并以文字及图表的形式表现出来。图表的形式应该直观、简练、易懂。制作项目设计进度计划表时，需要考虑如下问题。

1. 项目设计时间要求

只有对总的时间要求和设计的复杂程度进行充分的了解和分析，才能合理地进行阶段性工作的安排。

2. 工作时间的交叉性

设计过程中，有些工作是同时进行或者分工合作的，所以在制定计划和制作图表时，要考虑计划时间内各阶段工作的相互配合，以最合理的进展安排来获得最大的设计效益。

3. 设计工作的细化

制定工作计划的目的是合理地安排时间，但项目设计往往不是个人行为，而是整个设计团队行为，需要各个工种相互配合。设计工作包括设计创意、设计进展、效果表现、材料选样、设计论证、成本核算等阶段，需要设计者详细规划各项工作。

4. 设计进度计划表

由于设计行为的团体性，且设计进度计划表需要建设方、设计方等多方共同认可，因此在图表制定过程中应尽量采用通俗易懂、易交流识别的方式编制。（表2-3）

表2-3　餐饮空间设计进度计划表

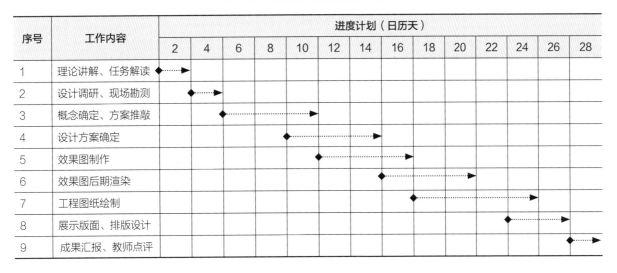

3

MODULE

一

平面布局
与功能定位

学习目标

1. 了解餐饮空间总体规划的基础知识。

2. 理解并把握平面总体布局与功能分析的重要性。

3. 了解并掌握餐饮空间平面布局的基本方法。

学习要求

1. 熟练掌握功能分区、流动线设计和空间规划的基本方法，并能够灵活运用学到的方法进行合理的总体设计。

2. 提高对餐饮空间各功能区域设计定位和布局方式的认知，能够将顾客需求、空间美观、服务便利等概念结合起来进行空间的总体规划与定位。

教学情景

采取任务驱动项目教学，实现理论、实践一体化教学，以课堂讲授为主、课外实践为辅进行教学。

教学步骤

1. 先讲解餐饮空间平面总体布局理论，然后根据调研的结果结合上一阶段的课程内容进行解析。

2. 提出本项目的总体布局和相应策略。

3. 完成功能分区、流动线设计和空间规划，提交一份总体平面布局图。

考核重点

市场调研内容的完成度与平面布局的科学合理性，运用创意思维进行分析、推导、总结的能力和手绘快速表达的能力。

一、平面布局

室内场景与户外场景相对应，是人们赖以生产生活的重要场所。室内场景除了需要实现其基本的生产生活功能外，还需要满足人们精神方面的追求。室内设计的关键是依据室内空间的性质、环境和标准，运用建筑设计的原理，赋予室内环境特定的功能。室内场景通常以某种布局的形式呈现，布局也是室内场景中最突出的特征，是最能反映室内场景特点的属性，因此室内平面布局也成为室内设计的关键环节。尽管学术界有很多关于室内空间布局的研究工作，但是很少有成熟的研究方案应用于实际。这是因为，一方面，室内场景普遍具有比较复杂的空间结构；另一方面，一般的室内场景都含有数量众多的空间对象，室内场景的生成实际上蕴含着"布局"。这里重点介绍室内平面布局的基础知识，包括室内平面布局的基本概念以及基本方法。

（一）平面布局的约束要素

室内场景不能简单地看成是三维模型的集合，一个高质量的室内场景需要充分体现三维场景的语义功能和布局结构。室内平面布局设计是室内场景建模的核心，也是室内场景建模的基础。在室内空间布局中，室内对象之间的关系有特定的要求，例如在餐饮空间设计中，要求包厢区面向一侧、就餐大厅与厨房相邻、过道方便行走等。室内空间布局中的约束众多，具体到实际的应用，布局约束则更是繁杂。我们通过分析一般的室内空间布局问题，简单总结出如下布局约束要素。

1. 拓扑约束

拓扑是一种空间数据结构，主要用于保证相互关联的数据能够形成一种一致简洁的结构，就餐饮空间设计而言，是确保各空间要素能服从就餐需求的关键几何规则。如，室内对象之间的相邻关系、相对方位关系等位置关系。（图3-1）

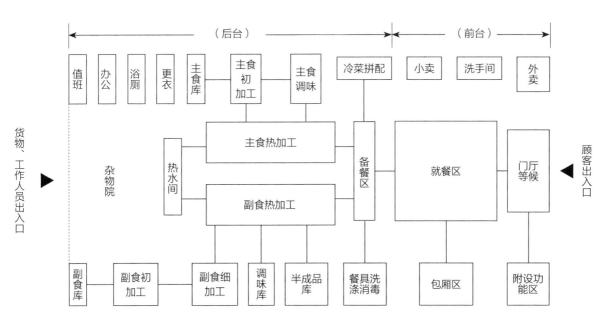

图3-1 餐饮空间的拓扑关系结构图

2. 几何约束

平面体系并非自由系，各部分之间存在一定的联系，这种联系对体系各部分之间的位置关系形成几何学上的限制。这种对非自由系各部分的位置关系所施加的几何学上的限制被称为几何约束。就餐饮空间设计而言，几何约束即室内对象的物理大小，如室内对象的几何尺寸、占地面积等。（图3-2）

3. 功能约束

餐饮业在经济和文化高速发展与变革的今天，其经营也发生了翻天覆地的变化，空间不仅要实现基本功能，如日照条件、通风条件等（图3-3），更需要能体现其经营理念、经营格调、经营情趣、餐饮文化的功能。

4. 人机工程学约束

在室内设计中，要充分考虑人的尺度，这就要涉及人机工程学。在室内，各个空间既是独立的又是相互联系的，空间之间的尺度要符合人的使用尺度要求。因此，在进行室内的平面设计时，需要考虑人在室内各个空间活动是否舒适，利用合理的平面

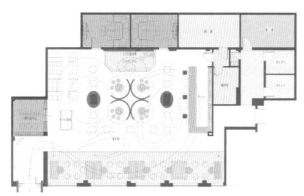

图3-2 餐饮空间的几何约束关系图

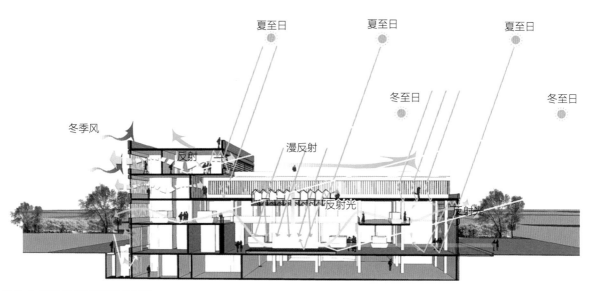

图3-3 建筑的通风日照示意图

布局引导一种积极的、健康向上的生活方式。（图3-4）

5. 其他约束

其他约束包括如美学约束、建筑学约束、用户自定义约束等。（图3-5）

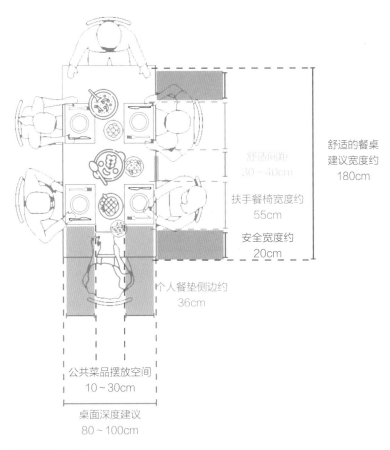

舒适间距
30～40cm

舒适的餐桌
建议宽度约
180cm

扶手餐椅宽度约
55cm

安全宽度约
20cm

个人餐垫侧边约
36cm

公共菜品摆放空间
10～30cm

桌面深度建议
80～100cm

图3-4　餐饮空间的人机工程学尺寸图

图3-5　餐饮空间建筑美学示意图

（二）餐饮空间的组合形式

建筑空间不仅要有合适的大小以容纳人们的活动范围与设施设备，还要具有合适的形式以满足人们各种复杂活动和相互交流的功能要求。所以，空间形式作为功能要求的具体表现，必须适应功能要求并具有合理性。需要说明的是，这里的功能要求不仅指使用上的要求，还指人们对于空间形式审美方面的精神要求。而餐饮空间作为对建筑空间的二次划分，即根据人们使用要求的不同将原有建筑空间再次划分出多个功能区域，每个功能区域不仅要有合理的空间形式，而且各功能区域之间还要根据人的行为动线进行合理的组织与分布，以保持便利的交通联系。根据空间中主要流线的特点，有意识地对空间进行主次划分，并结合空间组合形式的变化，还可以起到引导人流、组织人流与分散人流的作用。因此对于现代餐饮空间来说，随着顾客的消费要求、活动特点、行为方式等越来越趋于复杂与多样化，单一的空间形式已不适合人们的心理需求，应设计多种空间形式的组合。

在餐饮空间设计中，比较常见的空间组合形式是线式、集中式与组团式，或者是它们的综合与变化，下面分别对这三种空间组合形式进行分析与阐述。

1. 线式空间组合

线式空间组合，可以说是一个空间序列。它是将参与组合的空间直接逐个串联，也可以通过一个交通空间来建立联系。它具有易于适应建筑原有场地条件的特点，此处的"线"既可以是直线、折线，也可以是弧线，可以是水平的，也可以结合地面高差进行变化。（图3-6、图3-7）

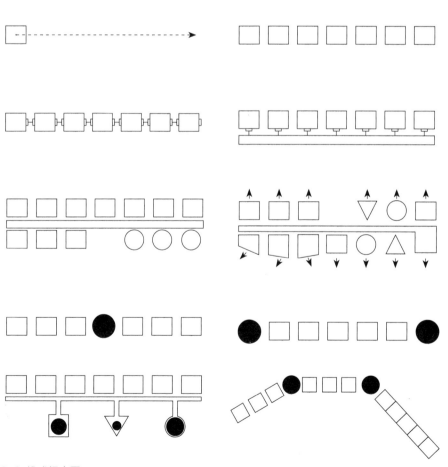

微课视频3-1

图3-6 线式组合图

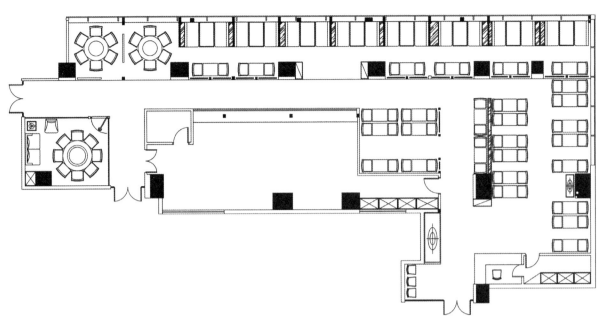

图3-7　餐饮空间线式布置图/何涛/指导老师 梅文兵

一般情况下，线式空间组合都是由尺寸、形式和功能相同的空间重复出现而构成，或者是将一连串形式、尺寸或功能不同的空间，由一个线式空间（通常为交通空间）沿轴向组合起来。在这两种组合方式中，序列中的每一个空间都设有对外出入口。对于在功能或象征方面具有重要性的空间，可以出现在线式空间组合的任何一处，但要以尺寸或形式的变化来表明它们的重要性，也可以通过所处的位置加以强调，如，置于线式空间组合的端点、转折点处或者偏移于线式空间组合，但要通过交通空间保持联系。另外，由于线式空间组合形式上的特点，它表达出一种方向性，给人以运动、延伸的心理感受。所以，可将空间的出入口或需要强调的功能空间置于序列的端点处，以起到空间暗示的作用，引导与分散人流。

线式空间组合通过交通空间的联系，将公用区、餐饮区、厨房区、辅助区分别布置在通道的两侧，并利用相同空间重复出现的构成形式，对每个分散空间进行线式组合，平面布局十分具有秩序感，人流动线明确。既有提供散客就餐的散座，又照顾到团体顾客的用餐需求，并且每个用餐空间之间既有分隔又相互保持联系。

2. 集中式空间组合

集中式空间组合，是一种稳定的向心式空间组合方式。它由一定数量的次要空间围绕一个占主导地位的中心空间所构成，这个中心空间一般为规则形式，如三角形、正方形、正多边形、圆形等，而周围的次要空间，其功能与尺寸可以完全相同，以形成规则的、两轴或多轴对称的布局形式；也可以互相不同，以适应各自空间的功能要求，使空间组合多样化。（图3-8、图3-9）

对于餐饮空间来说，一般都将次要空间做成形式不同、大小各异、功能也各不相同的若干区域。至于出入口的设置，由于集中式空间组合本身没有方向性，一般根据周围地段及环境需要，选择其中一个方向的次要空间作为出入口。另外，集中式空间组合的交通流线特点为辐射形、环形或螺旋形，且流线都汇聚于中心。

在餐饮空间设计中，集中式空间组合是一种较常运用的空间组合形式，一般将中

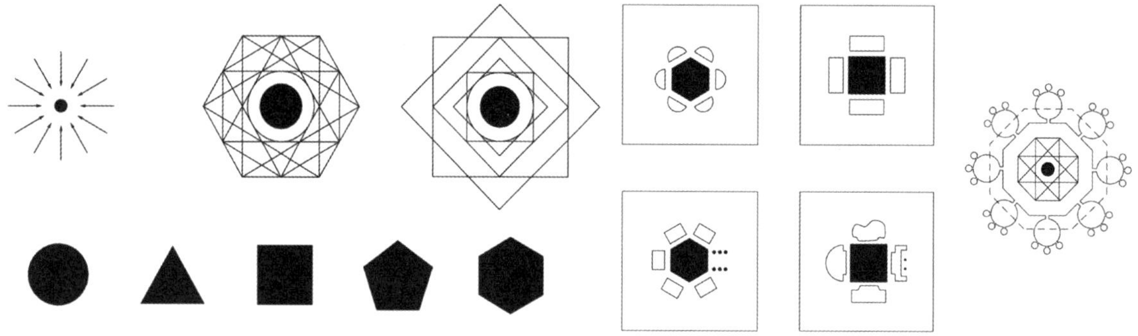

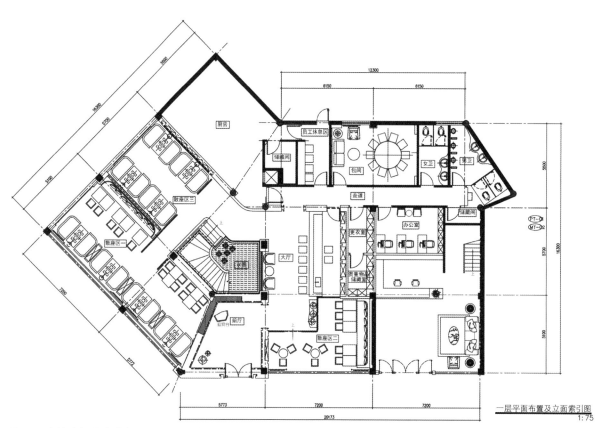

图3-8 集中式组合图

图3-9 餐饮空间集中式布置图/陈华威/指导老师 梅文兵

心空间作为构思的重点，易于突出主题，形成气氛。如利用集中式空间组合的特点，将中心空间处理成圆形的中庭，四周环绕若干个小型餐饮空间，加强平面布局的向心性，起到统领全局的作用，并且四周的小型空间处理手法各不相同，其中雅座区围合感强、安静舒适，开敞的座席用各种或实或虚的矮隔断分隔，彼此间相互流通渗透，共享中庭情趣，交通流线为环状与辐射状相结合，十分便捷通达。

3. **组团式空间组合**

组团式空间组合，是将若干个空间通过紧密连接使它们之间互相联系，或以某空间为轴线使几个空间建立紧密联系的空间组合形式。通常由重复出现的格式空间所组成，这些格式空间具有类似的功能，并在形状和方向方面有共同的视觉特征，或者也可以采用尺寸、形式与功能各不相同的空间，但这些空间要通过对称轴线的处理手法建立联系，以保持视觉上的空间组合紧密性。另外，由于组团式空间组合中没有固定的重要位置，因此必须通过空间的尺寸、形式或方向等因素的变化，才能显示出某个空间所具有的特别意义。（图3-10、图3-11）

在餐饮空间设计中，组团式空间组合也是较常用的空间组合形式。有时以入口或门厅作为中心来组合各用餐空间，这时入口或门厅成了联系若干用餐空间的交通枢纽，而各用餐空间之间既可以是互相流通的，也可以是相对独立的。还可利用地面上升、家具分隔、绿化陈设等手法进行空间的限定与划分，营造出交通便利且环境静谧的用餐空间。

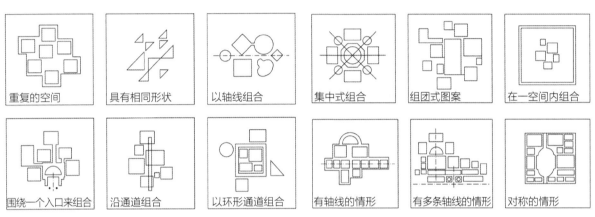

图3-10 组团式组合图

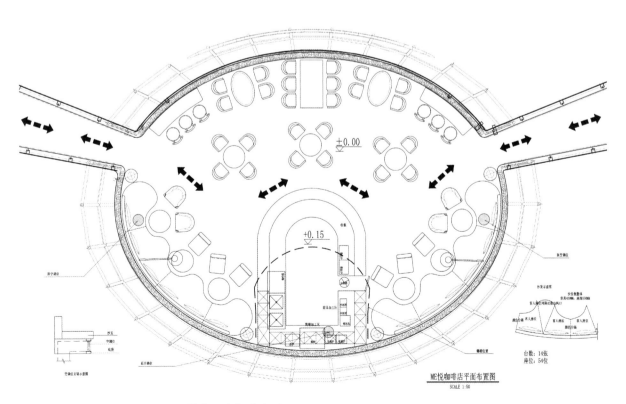

图3-11 餐饮空间组团式布置图/李嫔/指导老师 梅文兵

（三）餐饮空间的布局要点

1. 不同功能区域的面积比例安排

在高租金的成本压力之下，势必就要通过室内设计的流线设计和区域分配，来达成更合理、高效的空间面积比例关系，这就要求餐饮空间压缩服务管理部分的占用面积，后厨的管理采用更为高效的配置方式，或者依靠"中央厨房"。另外，关于空间里几种主要的空间样式，比如厨房、散座、包厢以及展现品牌形象的门厅区的面积分别所占的比例，如表3-1所示。

表3-1　餐饮空间面积安排比例表

级别	分项	单座面积（m²）	比例（%）	规模（座）				
				100	200	400	600	800以上
一级餐厅	总建筑面积	4.50	100	450	900	1800	2700	3600
	餐厅	1.30	29	130	260	520	780	1040
	厨房	0.95	21	95	190	380	570	760
	辅助	0.50	11	50	100	200	300	400
	公用	0.45	10	45	90	180	270	360
	交通、结构	1.30	29	130	260	520	780	1040
二级餐厅	总建筑面积	3.60	100	360	720	1440	2160	2880
	餐厅	1.10	30	110	220	440	660	880
	厨房	0.79	22	79	158	316	474	632
	辅助	0.43	12	43	86	172	258	344
	公用	0.36	10	36	72	144	216	288
	交通、结构	0.92	26	92	184	368	552	736
三级餐厅	总建筑面积	2.80	100	280	560	1120	1680	2240
	餐厅	1.00	36	100	200	400	600	800
	厨房	0.76	27	76	152	304	456	608
	辅助	0.34	12	34	68	136	204	272
	公用	0.14	5	14	28	56	84	112
	交通、结构	0.56	20	56	112	224	336	448

一般情况下，厨房和餐厅等这种空间的主体功能区域所占的比例超过空间总面积比例的2/3。对于包厢空间面积的比例，如果只是从平面设计图上去观察，其规律并不是特别明显，所以在对包厢面积进行设计时，还是要根据功能来进行定位。当将散座的空间和包厢的空间放在一起时就可以看出，厨房的面积和建筑空间的面积比例一般是保持在1:3左右的，这种比例所产生的影响最主要的就是要求每个区域的服务质量都要提高，服务越细致越好，而且这种布局规律对服务半径的尺度在一定程度上也是有影响的。

2. 座位比例的规划布局

在对餐饮空间进行布局的时候，其中座位的布局主要包含散座区域与包厢区域的座位这两个部分，其主要针对的就是散座总数和包厢座位总数之间的关系，和前文提到的面积比例一样，它们的属性是相同的。

而且在一定的程度上，这种配比关系也反映了空间主体形态之间的关系。不同的餐饮品牌有不同的经营策略，但是它们在对于散座区域和包厢区域座位的配比上，表现出了一定的关联性，这也在某种程度上展现了消费市场转型之后，餐饮行业对于空间的设计与布局提出了更新的要求。调研发现，品牌化程度比较高的中餐厅，散座与包厢座位的总数比值约为3：1；商业综合体内的餐厅，其消费群体趋于年轻化，它的布局可以采用连体沙发散座的自由组合来中和包厢的使用率，其散座与包厢座位的配比都在6：1至9：1之间。（图3-12）

另外，通过调研发现，店铺选址城市、选址位置也对餐饮空间面积配比和座位比例的规划有较大的影响。如二、三线城市的传统中餐厅，其包厢座位和散座的比例几乎是1：1。

3. 散座间距的基本规律

在新的消费市场形势之下，空间中的散座占比大大增加了，这样使得消费者之间的心理距离相对缩短。在对餐饮空间进行布局设计的时候，散座之间的距离应重点考虑。散座区域被分割成很多个空间团的形式，是为了满足随时变化的消费人群结构的需求，同时提高销售效率。但对于一个相对独立的散座空间来说，它的布局尺度范围还是相对固定的，这主要是因为人与人之间需要存在一定的物理距离以及消费心理距离。（表3-2）

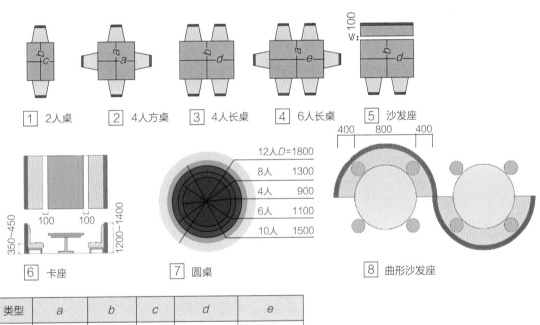

类型	a	b	c	d	e
正餐	850~1000	800~850	650	≥1300	1400~1500
小吃	750~800	700	600	1000~1200	—

图3-12 餐饮空间常用家具尺寸规格参考（单位：mm）

表3-2 餐饮空间设计尺寸参考标准

序号	尺寸
1	餐厅面积一般以1.85m²/座计算
2	仅就餐者通行时，桌边到桌边净尺寸≥1.0m，桌边到内墙面的净尺寸≥0.60m
3	有服务员通行时，桌边到桌边净尺寸≥1.5m，桌边到内墙面的净尺寸≥1.20m
4	有餐车通行时，桌边到桌边净尺寸≥1.8m

（四）餐饮空间的布局类型

在以正餐为主的中式餐饮空间中，根据经营内容、经营管理、规模大小、服务档次等因素的差异，可对用餐区域采用整合或划分的不同处理手法。对于宴会厅、酒楼等规模较大的餐饮空间，为满足举行盛大宴会的需要，可将用餐区域进行整合以满足大量顾客同时就餐的需要。对于餐馆、风味餐厅等规模较小的餐饮空间，可利用各种分隔处理手法将用餐区域划分为若干个既有分隔、又相互交流的空间，再在每个小空间里进行餐座的布置，以提供多种餐座的选择性，满足部分顾客的私密需求。餐饮区常见的餐座布局形式有对称式布局、自由式布局、几何式布局。另外，餐座布局根据设计立意虽然可有各种各样的布置方式，但也应遵循一定的布局原则。

1. 对称式布局

对称式布局，采用严谨的左右对称方式，在轴线的一端常设主宾席、礼仪台或表演舞台并与主通道相连，两侧各留有辅助通道，以满足大量人流的通行。此种布局形式常用于规模较大的餐饮空间中，如酒楼、宴会厅、美食城等，适合举办各种盛大喜庆宴席，其布局具有秩序感，整齐划一，场面宏大，气氛隆重热烈，并且与其相关联的装饰陈设也采用较大的体量，体现空间的开敞性。（图3-13至图3-15）

微课视频3-2

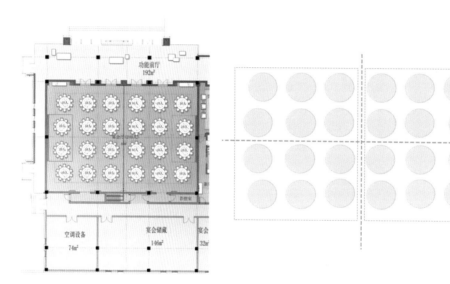

图3-13 餐饮空间宴会厅对称式布局示意图

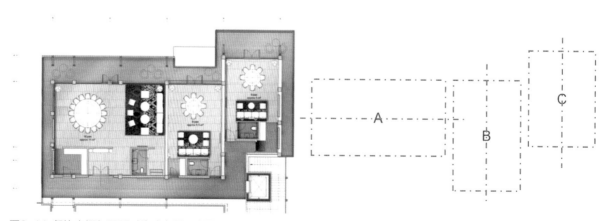

图3-14 餐饮空间包厢区对称式布局示意图

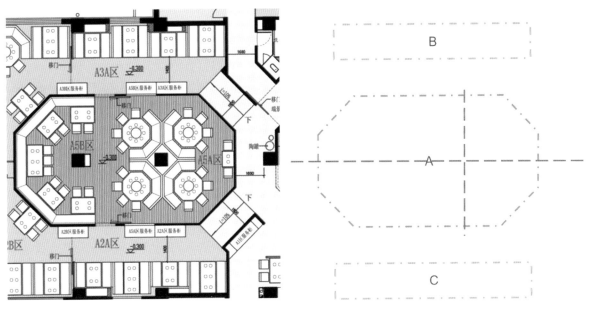

图3-15 餐饮空间大厅区域对称式布局示意图

2. 自由式布局

自由式布局，采用空间自由组合的方式，将餐座布置与建筑空间既有形态或与景观、陈设、绿化等软装饰结合，并根据顾客对于私密性需求的不同，划分出既有分隔、又相互交流的多个大小不一的空间。同时，用餐单元餐座的数量应考虑顾客的组成特点进行设置。在中式餐厅中，此种布局常借鉴我国古典园林布局的相关特点，将餐饮区的空间划分同园林围与透的处理手法结合，进行餐座布局的处理，给人以室内空间室外化的感觉，犹如置身于花园之中，使人心情舒畅，食欲增进，室内景观也常采用园林的相关构件与符号。（图3-16、图3-17）

3. 几何式布局

影响餐饮区餐座布局的因素有很多，但有两点是必须注意的：秩序感与边界依托感。前者是从形式美原

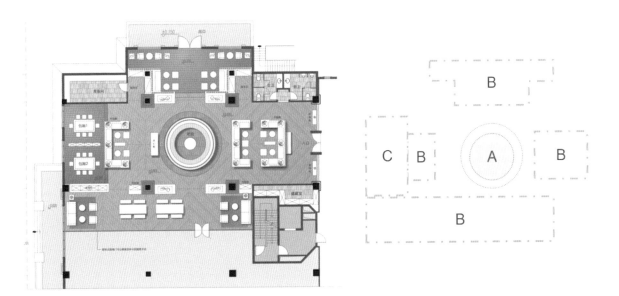

图3-16 餐饮空间不同形态自由式布局示意图

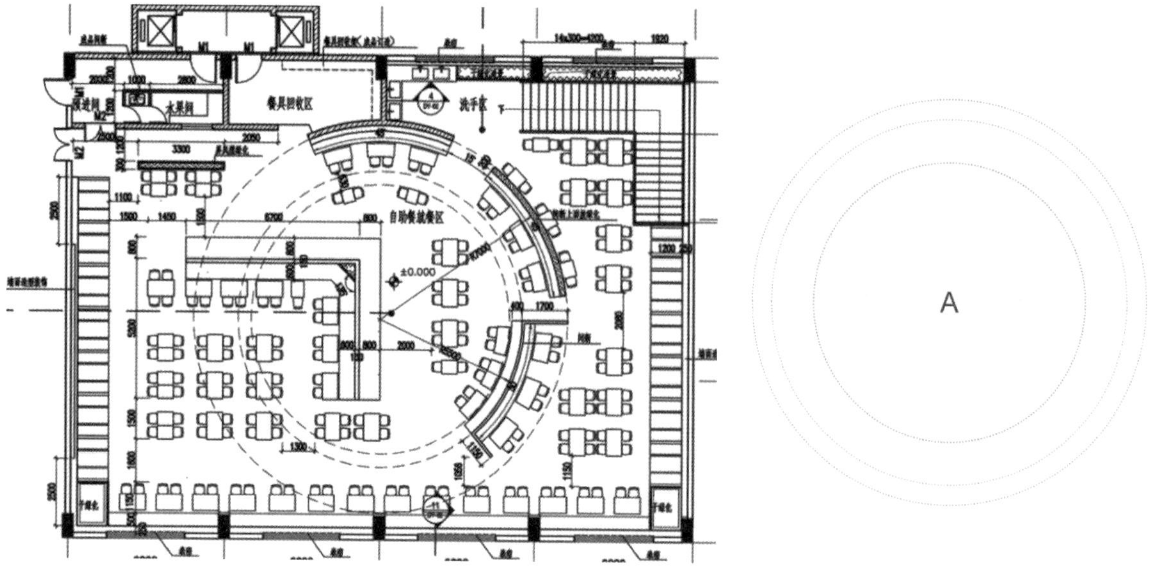

图3-17 餐饮空间以同心圆为基准自由式布局示意图

则的角度出发，后者是考虑人的行为心理需求。此外，还应考虑顾客的组成及餐座布局的灵活性等。

（1）秩序感

秩序感是餐饮区餐座布局的一个重要因素。理性的、有规律的餐座布局，能产生井然的秩序美。规律越是简单，表现在整体平面上的条理就越严整，但易流于单调和乏味；反之，要是比较复杂，表现在整体平面上的效果则比较活泼，但处理不好会零乱、无序。因此，设计时要适度把握秩序感，使平面布局既有整体感，又有趣味和变化。（图3-18）

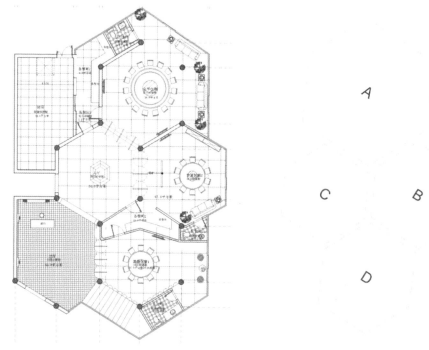

图3-18 餐饮空间六边形布局示意图

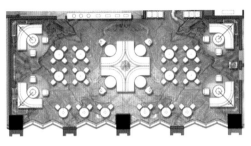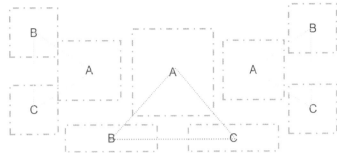

图3-19 餐饮空间三角形布局示意图

（2）边界依托感

人们喜欢在有边界的区域里逗留，因为边界能给个人空间划定出专有领域，使个人感受到庇护。因此从人的行为心理需求出发，营造出有边界的用餐区域，也是餐座平面布局应遵循的原则。（图3-19）

（3）餐座布局灵活性

针对顾客光顾餐厅的不同需求及每组顾客人数的差异，餐座布置要适应这些需求变化。当每组顾客人数少时，布置为2人、4人桌，一旦需要又可拼为6人、8人、12人的餐桌。有的餐厅包厢常采用此种方法，利用可以随时开启与闭合的活动隔断，将单餐桌的包厢根据就餐人数的变化拼合成双餐桌。

二、功能布局

进行餐饮空间各区域设计的时候，首先要确定一个对设计可以产生基础作用的思路。有效地运用智能化植入、企业文化识别、视觉引导识别、视觉色彩识别等手法，对服务管理进行优化，将细部设计作为餐饮企业服务管理的润滑剂。

（一）餐饮空间的功能区域

1. 等待区设计

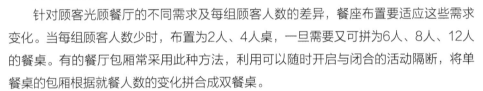

由于就餐时间相对集中，不可避免在就餐高峰期，会出现排队等餐的问题，为缓解顾客等餐时的无聊或被无视感，改善就餐体验，现代餐饮空间越来越重视等待区的设计。从企业文化的导入和品牌宣传角度来说，等待区是很好地植入企业文化和品牌形象的区域，因此很多餐饮企业在让顾客等候的同时，除了让顾客能观察到餐饮空间的特色之外，还会贯穿企业文化的视频播放，一是延缓顾客的等待焦虑，二是进行企业文化宣传，增加顾客对该餐饮企业的认知度。从视觉色彩识别角度，不少餐饮企业，会在门口设计等待区，加入绿植，用舒缓和轻松的颜色增加顾客驻足的时间，从而最大限度地留住等待的顾客。当然除了色彩，设计师也经常会别出心裁地根据门厅的形式特征，做出一些差异化的互动设计，增加趣味性和客户参与度，以此达成最大化留住客流的目的。（图3-20）

041

2．服务区设计

服务区，也称服务台、吧台区、接待区或收银区，是指餐厅的工作者给有需要的顾客提供服务的区域。它一般是为了给前来进行咨询的顾客处理问题、给顾客饭后结账而设立的，同时也是餐厅的收银员和招待人员日常工作的空间。餐厅通常情况下是把两项功能合在一起设计的，另外也有一些餐厅是分开设计在不同的空间的。现代生活快节奏和餐饮空间多功能的需求，使得设计师越来越重视服务区的设计。（图3-21）

对餐饮空间来说，服务区一般还会存在很多需要开发的功能。例如，为顾客提供智能化的储物柜；对于初次来餐厅不熟悉环境的顾客，需要从服务区开始加强空间指向性标识系统设计；另外在餐饮空间同质化的今天，如何强化服务区的设计创意和服务管理的创意，引起顾客的视觉共鸣，唤回顾客的记忆，也是该区域设计的重点之一。

3．散座区设计

散座区在餐厅的空间中所占的比例很大，影响消费者进到餐厅时对餐厅的第一感觉。这个区域是设计师打造餐饮空间气氛时首要考虑的地方，也是餐厅营造自身主题需要特别重视的地方。对散座区实施设计与安排的时候，必须考虑到设计的合理性。（图3-22）

图3-20 餐饮空间等待区设计/马嘉成/指导老师 梅文兵

图3-21 餐饮空间服务区设计/邓航/指导老师 梅文兵

在对餐饮空间的散座区进行设置的时候，通常用到隔断和椅背相对长的卡座，当然也存在其他划分方式，例如在顶上向下吊下布帘、水晶帘等。对于服务管理来说，这个区域也是企业文化和精神宣传需要重点打造的地方，除了满足基本的功能和设计的美观之外，还要融合精神层面的需求，以实现和消费者精神层面的互动交流。

4.包厢区设计

对餐饮空间里包厢区开展设计的时候，必须充分考虑使用者的数量来安排包厢的面积，明确包厢大中小的区别。通常情况下，用餐人数在 4~6 个人的是小包厢，8~10 个人的是中包厢，12 人以上的是大包厢。当然，大中小型包厢的划分不仅仅是以人数为标准的，有时候也与餐饮空间的面积有关。（图3-23）

包厢区是餐饮空间单方造价最高的区域，也是最能体现餐饮空间档次的设计重点区。从平面功能的角度出发，包厢区可以细分为备餐间、卫生间、沙发区和就餐区。备餐间是包厢区重要的辅助功能区域，为提升服务效率和节省人力支出，一般两间包厢共用一个备餐间，但大包厢内顾客的人数较多，可独立配置一个备餐间。卫生间和沙发区并非包厢区必不可少的功能区域，一般视包厢面积或就餐人数差异而有所不同。从立面的层次角度出发，包厢区立面通常划分为入口立面、采光立面、主立面和次立面等。入口立面是只有出入门的立面，通常分为顾客出入门和服务人员出入门两种。采光立面指包厢内靠窗或阳台的立面，通常是包厢

图3-22 餐饮空间散座区设计/刘思烨/指导老师 梅文兵

图3-23 餐饮空间包厢区设计/刘思烨/指导老师 梅文兵

内自然采光、通风和景观面。主次立面是包厢立面中体现主次关系的立面，主立面通常会设计成背景墙，也是就餐时主要客人就座的位置，次立面通常在主立面的对面处，一般设计成电视墙，方便主要客人落座后观看电视。

5．卫生间设计

从使用功能的角度讲，顾客用卫生间作为餐厅的一个特殊区域，其面积大小的确定可参照《饮食建筑设计标准》、《城市公共厕所设计标准》中的相关规定，并结合餐厅的供餐人数，进行内部设施的数量估算。此外，还应注意经营内容、经营性质、服务档次等相关影响因素，进行面积大小的调整，以确定合理的尺度。（表3-3）

表3-3　顾客卫生间设备设置

人数		≤50	≤100	每增加100
洗手间	洗手盆	1	—	1
洗手处	洗手盆	1	—	1
男厕	大便器	1	2	1
	小便器	1	2	1
	洗手盆	2	4	1
女厕	大便器	2	3	1
	洗手盆	2	3	1

对于建筑面积较大或工作人员较多的餐饮空间，会独立设置工作人员卫生间，其面积的确定，可参照《饮食建筑设计标准》中的相关标准，并从经营管理、使用便捷的角度进行考虑，配备合理的设施数量，满足其基本功能即可。（表3-4）

表3-4　工作人员卫生间设备设置

最大班人员数	≤25	25~50		每增25	
卫生器皿数	男女合用	男	女	男	女
大便器	1	1	1	1	1
小便器	1	1	—	1	—
洗手盆	1	1	1	—	—
淋浴器	1	1	1	1	1

对餐饮空间的卫生间展开设计时，也必须从总体设计风格入手，尽管卫生间并非餐饮空间中最重要的区域，但还是具有非常重要的作用的。若是餐厅的卫生间可以做到与众不同、精美、特色化，就会变成餐厅的服务亮点，会吸引更多的顾客来餐厅进行体验。

首先，要注意餐厅总体氛围的塑造，卫生间的设计风格也要和餐厅总体上的风格是相同的。其次，在对卫生间门的位置设计时，要注意门的方向是不能面向用餐区域的餐桌的。同时，由卫生间至用餐区域的人流动线必须设计得便捷又合理，用餐区域的顾客不需要绕路就可以轻易地找到卫生间。最后，必须考虑到灯光照在卫生间墙壁上所形成的效果，灯光效果也会影响到总体空间的气氛。虽然卫生间这个区域在餐厅里面所占的空间比例很小，空间进深同样很少，但是它同样不可忽视。（图3-24）

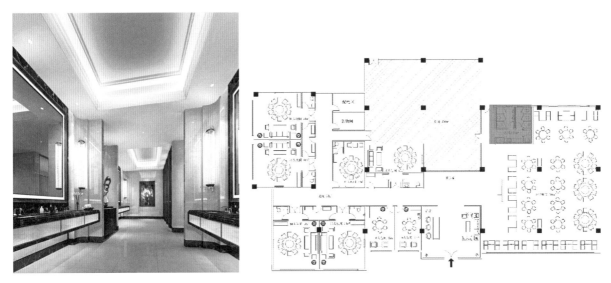

图3-24 餐饮空间卫生间效果图/邓航/指导老师 梅文兵

6．厨房区设计

厨房是餐厅里面一个比较私密的区域，除非餐厅是把展示厨师的手艺作为特点设计为半开放式。后厨操作间进行设计的时候一般会看重和用餐区域的隔离，不让顾客观察到内部的状况。厨房的设计必须能够满足它的基本功能，一般有主副食材加工、备餐、设施消毒和保存，之外必须再设计其他的附加功能空间，比如食材库房、厨师换衣间、餐厅办公室等等。厨房作为餐厅的核心部分，进行设计时必须将保证安全放在第一位。同时，设计方案的合理性与在厨房开展工作的厨师以及服务工作是息息相关的，厨房的设计如果有问题就会产生安全隐患。

对厨房进行设计的时候，存储空间必须进行生熟隔离，生冷食物不和熟食一起保存，厨房食材的安全和洁净问题必须处理好；厨房备餐间到用餐区域的送餐道路必须畅通无阻，不要存在弯道，影响餐车的移动；尽可能避免和用餐区域顾客的动线相同，以免使用的时候对顾客与服务产生不必要的影响；厨房内部各个空间的区分也要是协调的，给工作人员的使用提供方便。厨房到用餐区域的通道需要有衔接性的设计，可以选择那些隔离性能良好的门、屏风或玄关来隔离厨房内的气味与气体。对于厨房区域的选择，尽可能安排在建筑北面，避免阳光照射，同时考虑到厨房经常有生鲜货物的进出、上下卸货以及厨余垃圾的运出，因此一定要远离主入口，且有其独立的服务员工进出的通道。

（二）餐饮空间的流线设计

微课视频3-3

在进行流线分析与阐述之前，首先结合前文功能分区中的有关结论，归纳出以正餐为主的中式餐饮空间的功能路线组织图（图3-25）。从中可以明显看出，顾客流线、服务流线与物品流线都是在围绕餐饮区进行运转，并且各功能区域的相互位置及关系是通过关联的流线而被确定的，空间的平面布局形式也有了初步的构想：入口门厅、衣帽间、候餐区位于前台的过渡区域，餐饮区位于前台中心区域，烹饪区、洗涤区、储藏区位于后台区域。由此可见，流线的走向往往决定着空间的平面布局及序列。但是，由于餐饮空间功能要求

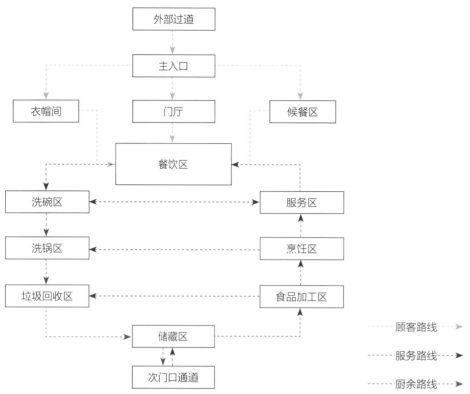

图3-25 餐饮空间的功能路线组织图

的复杂性以及人员流线的多样性，根据流线所确定的平面布局往往具有多种形式，而合理的平面布局形式应该是多条流线与其影响因素综合作用的反映，其合理性正是流线设计优劣性的体现，可以通过距离、容量、速度、方向四种参数进行流线设计优劣的衡量。

在规划合理的平面布局之前，首先要对餐饮空间内部的流线进行合理分析，一要弄清内部人员的活动规律，二要弄清内部物品设备的运行规律，三要弄清内部各种活动因素的平行、互动与交叉关系，从而保证流线设计切合实际、顺畅合理、快捷高效。所以根据以上的分析，按照实际构成情况，可以将餐饮空间流线概括为"两大区域、四大系统、五种类型"。两大区域，即室外流线与室内流线；四大系统，即实际运行中的水平交通流线与垂直交通流线，使用状态上的单人流线与多人流线，运行性质上的单一功能流线与多种功能流线，以及形成室内交通枢纽的交叉流线；五种类型，即顾客流线、服务流线、物品流线、信息流线和消防疏散流线。

1. 顾客流线

顾客流线，是指顾客在餐厅用餐、逗留、离去的过程中所发生的行为流线，其活动范围主要集中在前台区域，即入口门厅、候餐区、餐饮区、卫生间四个功能区域。顾客流线根据顾客组成特点与用餐环境需求的不同，可划分为两种情况：一是指零散顾客从入口处前往散座区就餐及用餐完毕后离去的流线；二是指团体顾客从入口处前往包厢区就餐及用餐完毕后离去的流线（图3-26）。

对于零散顾客来说，其行为动线仍需考虑两种情况：一是指餐厅有空闲餐位时，顾客进入餐厅后，如何被服务人员引导入座就餐（图3-27）；二是指餐厅客满时，顾客进入餐厅后，先被引导进入候餐区等候（图3-28），再通过指示、告示等信息手段，引导其去餐饮区就餐。在第一种情况下，顾客流线的处理应考虑入口门厅与餐饮区之间的距离和方向，两者距离不能太远，并且连接两者的交通通道应直接、便利，不能左拐右转，尽可能缩短就餐路线。在第二种情况下，为避免餐饮区的噪声影响候餐顾客，候餐区与餐饮区之间应有所分隔，但也应保持一定的联系，以确保候餐的顾客可以及时进入餐饮区进行就餐。所以，候餐区与餐饮区之间的距离也不能太远，其通向餐饮区的通道应与入口通道相交汇，方向保持一致。

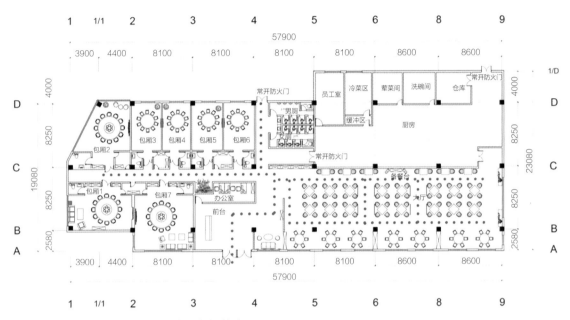

图3-26　餐饮空间的顾客路线/刘思烨/指导老师 梅文兵

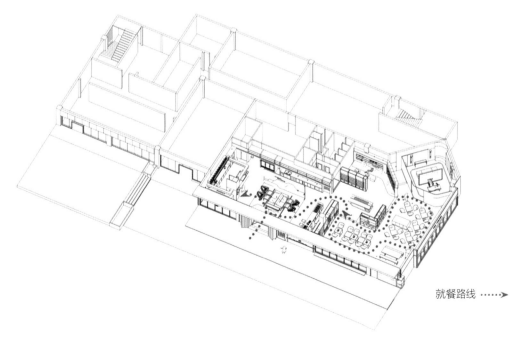

就餐路线 ‧‧‧‧‧▶

图3-27　餐饮空间就餐路线设计/范曼婷/指导老师 彭洁

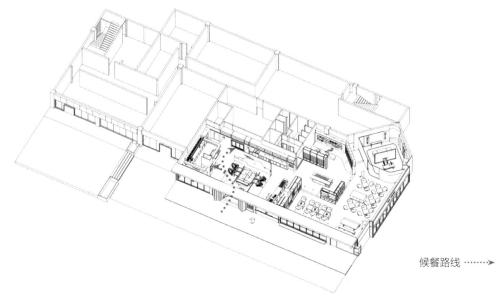

候餐路线 ·······➤

图3-28 餐饮空间候餐路线设计/范曼婷/指导老师 彭洁

对于团体顾客来说，其行为流线与零散顾客一样，也需考虑两种情况：一是指餐厅有空闲包厢时，由于团体顾客人流量较大，如何规划其流线与零散顾客的流线相分开，以保证入口门厅处交通枢纽的畅通；二是指餐厅包厢客满时，如何考虑团体顾客候餐区的处理。在第一种情况下，包厢的通道应与散座区通道相分离开，使就餐的顾客在入口处进行分流，互不影响。对于多层的餐厅来说，为确保包厢的私密性，一般设置在二层及以上楼层，这时须考虑入口门厅通向包厢的垂直交通流线，在入口门厅或候餐区处设置楼梯或电梯。因此在单层的餐厅中，包厢往往设置在入口门厅、候餐区这一侧或围绕散座区设置，用以分散人流，而在多层的餐厅中，包厢常设置在二层及以上的楼层，用以分散人流和确保其私密性。在第二种情况下，根据顾客的消费特点，餐厅包厢的使用通常是顾客预订。因此，候餐区的设置可不予考虑使用包厢顾客的需求，但应适当增大入口门厅处的区域面积，以满足团体顾客在用餐完毕后与亲友寒暄的需求。

至于顾客的离去流线，应考虑结账后不经其他区域离开餐厅，避免路线的迂回，防止流线交叉带来的不便。此外，对于与流线的容量、方向参数联系紧密的交通通道来说，首先应进行主、次通道的划分，其主通道的容量应考虑用餐高峰期间的顾客流量与服务人员流量，按人流并行计算，每股人流宽60cm，而对于使用手推车进行服务的餐厅，其通道宽度应为手推车活动尺度与所需人流股数尺度之和。一般情况下，主通道的最小宽度也应为两股人流并行时的尺度，以满足顾客之间边走边谈的需求。对于散座区内部的次通道来说，应使服务人员可以便利地提供服务，其容量尺度最小也应满足单股人流的通行，并且通道方向的设置应考虑顾客去卫生间的便利性。

2. 服务流线

服务流线，是指餐厅服务人员为顾客提供餐饮服务的行为流线。从顾客就餐流程的角度可分为三个方面：餐前引导顾客候餐或就餐入座的行为流线；就餐过程中，为顾客提供点菜、上菜及更换餐具、餐巾等相关服务的行为流线；用餐完毕后，代顾客结账、取物及收拾餐具、更换桌布、处理垃圾等物品的行为流线。（图3-29、图3-30）

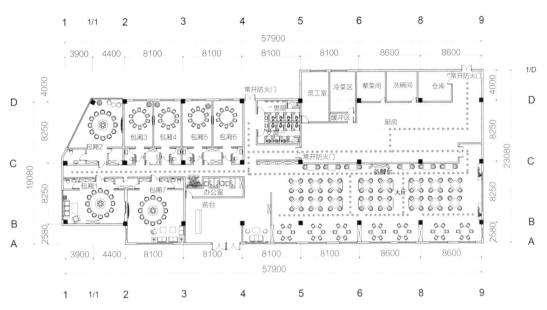

图3-29 餐饮空间服务路线设计/刘思烨/指导老师 梅文兵

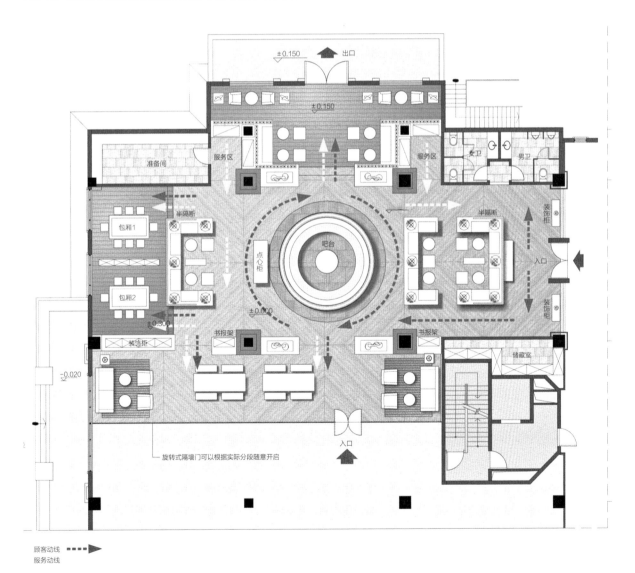

顾客动线 ▪▪▪▶
服务动线 ━━▶

图3-30 餐饮空间服务路线/赵飞乐

049

对于餐前的服务流线来说，因为是伴随顾客就餐入座所发生的行为，与顾客流线相一致；用餐过程中的服务流线，根据顾客组成特点与用餐环境需求的不同，其服务流线可划分为两种情况：一是为散座区的零散顾客提供服务的行为流线；二是为包厢区的团体顾客提供服务的行为流线。对于第一种情况，备餐间与散座区之间的距离应尽可能缩短，以确保点菜信息的及时传达与出菜上桌服务的快捷高效，并且连接两区域之间的交通通道应便利、顺畅，避免送餐路线的迂回，服务流线与顾客流线应尽量避免交叉，防止交通阻塞。此外，散座区每20~30个餐位应考虑设置备餐柜，这样服务人员可以将顾客所需的菜品暂时放置在备餐柜上，然后再分送到相应的餐桌上，提高服务效率。同时，备餐柜的设置也有利于餐后收拾餐具、更换桌布等工作的进行。对于备餐间内部流线的处理，宜采用双门双道的形式。对于第二种情况，尤其是包厢设置在二层及以上楼层的餐厅，为确保送餐的服务效率，宜单独设置备餐间，并且服务人员送餐入口应与包厢顾客入口相分开，避免两者之间的影响。对于餐后的服务流线来说，餐饮区与收银台、服务台之间要有良好的信息传递通道，以保证代顾客结账及取物的快捷性，至于用餐完毕后，餐具洗涤、垃圾的处理将在物品流线中进行阐述。

3. 物品流线

物品流线，是指食物原料、菜品、餐具、餐巾、垃圾等物品在餐厅内的运转流线，其活动范围主要集中在后台区域，即备餐间、厨房区、储藏区、洗涤区四个功能区域。物品流线根据洁污分流的卫生标准，主要分为菜品流线与垃圾流线两类。（图3-31）

对于菜品流线来说，根据生产加工的流程，可划分为三个阶段：食物原料的验收与储藏、食物原料的烹饪与加工、菜品的出菜与送菜。在验收与储藏阶段，为使食物

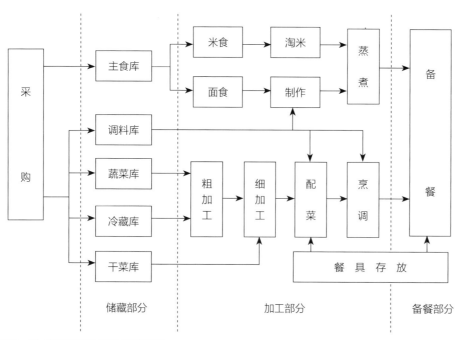

图3-31 餐饮空间物品处理流程图

原料的入库及厨房所需物品的运达更为快捷，储藏区与厨房区应紧临卸货区，缩短食物原料的供应路线；在烹饪与加工阶段，主食与副食两个加工流线要明确分开，从粗加工至备餐的流线要便捷通畅，避免迂回倒流；在出菜与送菜阶段，备餐间内部布局要与送菜路线一致，出入口应与顾客就餐路线分隔开，以避免人流的交叉。另外，对于厨房设置在较高楼层的餐厅而言，垂直运输食物原料与菜品的食梯应分别设置，不得合用。

对于垃圾流线来说，根据垃圾产生的位置，主要分为两种情况：一是指顾客用餐完毕后，剩菜残羹的处理；二是指厨房内部生产加工过程中所产生的食物废料。在第一种情况下，由于构成大多为湿垃圾，其处理流线与餐后收拾餐具的路线一致，送于后台洗涤区，在清洗餐具的同时便于垃圾的统一存放，并保持良好的通风以避免异味的产生；在第二种情况下，由于构成大多为干垃圾，为不影响厨师工作流程的连续性，可先存放在厨房区内，然后再集中清理，但应注意与洗涤区湿垃圾的分类存放及清运。另外，在这两种情况下，垃圾的存放点都应靠近后台出口处并与食物原料的供应路线相分开，确保洁污分流的流线处理原则。

4. 信息流线

信息流线，是指餐厅内部各种信息流通与传递的路线，反映餐厅工作、服务效率。从信息传递与信息记录的角度，可以将信息流线分为两类：一是指顾客与服务人员、服务人员与后台工作人员之间的信息传递和交流流线（图3-32）；二是指餐厅内预约订餐及物品存量、流转情况的信息记录流线。

对于第一类信息流线来说，餐厅内每个交接的环节基本上都存在着信息的交流与传递，如：有空闲餐位时，服务人员如何通知候餐的顾客入座；顾客点菜后，如何将菜单信息及时传递给厨房与服务台；厨房缺菜时，如何及时地通知顾客换菜；菜品烹制好后，如何通知服务人员出菜；顾客需要更换餐具、餐巾时，如何通知服务人员提供服务等。在这些信息的交流与传递中，主要的信息流线都集中在顾客入座就餐、点菜、叫菜、出菜、结账这几个环节上，它们的传递是否及时，数据是否准确，是餐厅工作、服务效率及顾客满意度提升与否的体现。因此从管理经营的角度，使用便携式的呼叫器与便携式的多媒体设备代替传统的人工信息传递，更利于信息传递的及时性

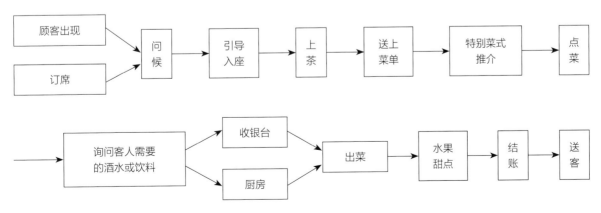

图3-32 餐饮空间信息服务流程图

与数据的准确性。尤其是对于包厢内的顾客来说，采用这种方式更能有效地在提供服务与顾客用餐私密性之间取得平衡。另外，将收银的功能从服务台中独立出来，更有利于结账效率的提高。

对于第二类信息流线来说，更着重强调安排的计划性与数据的准确性，便于服务人员对预约订餐的顾客进行餐位的计划安排与厨房菜品的调度，以利于经营管理者、财务部门进行采购计划调整和成本核算。因此，采用电脑资讯化的管理方式更有利于此类信息流线的处理。

5. 消防疏散流线

消防疏散流线，是指餐厅发生火灾时，顾客、工作人员的逃生路线，是内部交通空间所应承担的重要职能，具体反映在逃生通道的设计和处理上，其合理性直接影响到餐厅的平面布局。为了尽量不占用和打散使用空间，减少空间的浪费，逃生通道的设置应以节约和合理为设计原则，通道长度宜短并直接通向疏散口，不得迂回和倒流。若通道存在转折时，转折处应标有明确的指示标识。通道尽端——疏散口数量的处理应结合具体的餐厅规模、建筑层数、平面布局等因素综合进行确定，疏散口位置的处理宜采取就近原则，靠近餐饮区或厨房区，前后台人员的逃生通道应分别进行处理。同时，疏散门应采用外开或双开的形式，便于开启，疏散门及逃生通道的宽度应参照有关防火规范严格执行。另外，对于规模较大、人员密集度高、空间组合形式复杂的餐饮空间，逃生通道应具备多种选择，以确保能够及时分散人流。（图3-33）

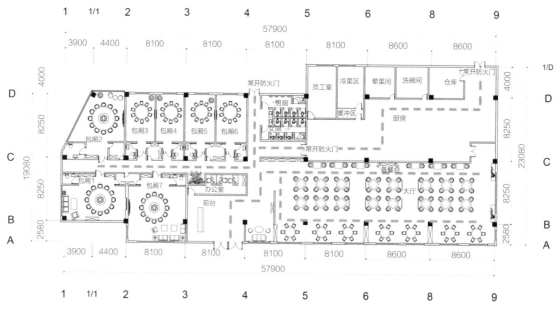

图3-33 餐饮空间消防疏散路线设计/刘思烨/指导老师 梅文兵

（三）平面布置实例介绍

1. 原始平面图及功能需求

项目建筑面积为1200m²单层建筑，功能要求包含接待区、用餐大厅区、包厢区、卫生间等区域，其中接待区包含接待台、背景墙，能满足接待、收银及等候的功能需求，能体现空间的设计主题及文化内涵；用餐大厅区需要考虑不同人数的就餐需求，注意座位之间的隔断、分区及走道的设置；包厢区需要考虑大、中、小不同种类的包厢的分部设计，注意包厢的功能及配套设施，且需要备餐间和独立卫生间；公共卫生间要考虑残疾人的第三卫生间需求；其他区域考虑办公功能。（图3-34）

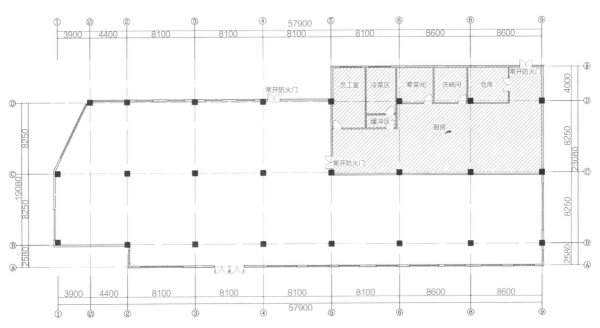

图3-34 原始平面图

2. 平面功能分析

根据平面功能区域分割法，运用气泡图，构建出本项目的平面布置气泡图，具体情况如下：门厅放在前台入口处，涵盖接待、收银等功能；候餐区接近门厅，且与餐饮区联系密切；餐饮区是中心区域，前面与门厅、候餐区联系密切，后面与厨房区和辅助区联系密切；厨房区需介于平面的边界部位，但需与就餐区联系密切以确保工作人员提供服务；辅助区设置在后门区，方便物品和工作人员的进出。（图3-35、图3-36）

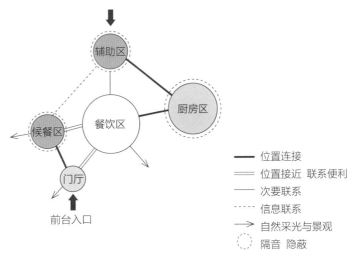

图3-35 餐饮空间气泡分析图

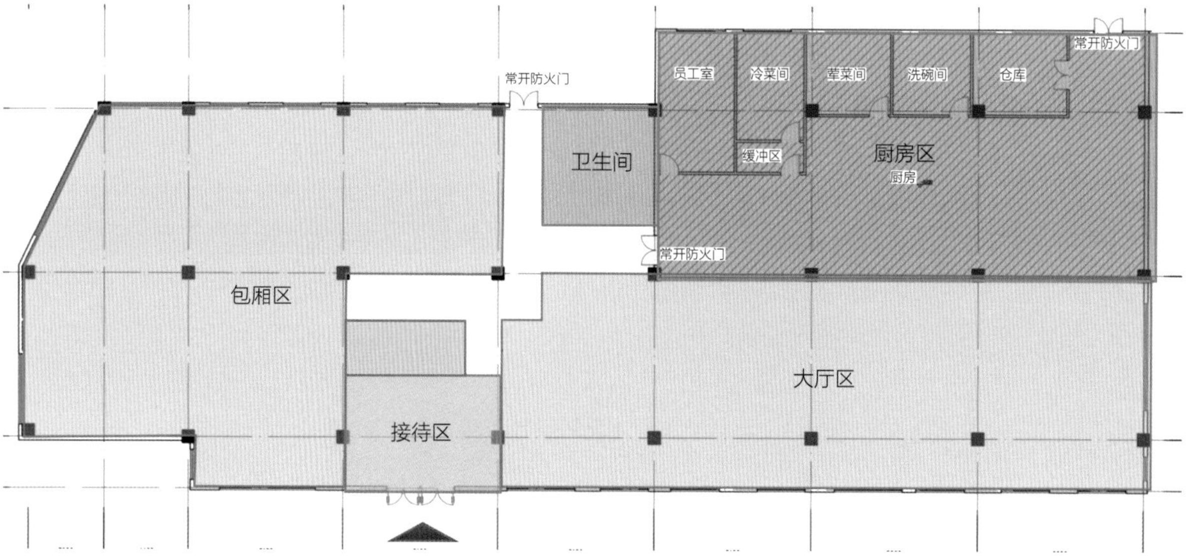

图3-36 餐饮空间功能分布图

3. 家具的布置

餐饮空间常用的家具布置尺寸如下表。（表3-5）

表3-5　餐饮空间布置常用尺寸表

项目类别		常用尺寸	项目类别		常用尺寸
宽度	服务走道	≥1500mm	圆桌直径	2人圆桌	850mm
	通道	≥600mm		4人圆桌	900mm
	餐桌宽度	700mm		6人圆桌	1100mm
方桌尺寸	4人方桌	900mm×900mm		8人圆桌	1300mm
	4人长桌	1200mm×750mm		10人圆桌	1500mm
	6人长桌	1500mm×750mm		12人圆桌	1800mm
	8人长桌	2300mm×750mm	其他	餐桌高度	720mm
其他	吧台高度	1050mm		餐椅高度	440mm
	服务台高度	900mm		吧台凳高度	750mm

根据上表的家具尺寸，本项目的平面布置如下。（图3-37、图3-38）

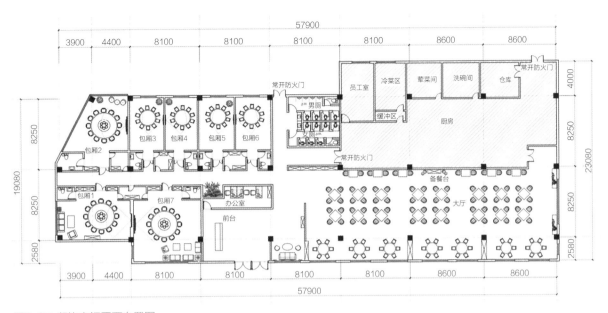

图3-37 餐饮空间平面布置图

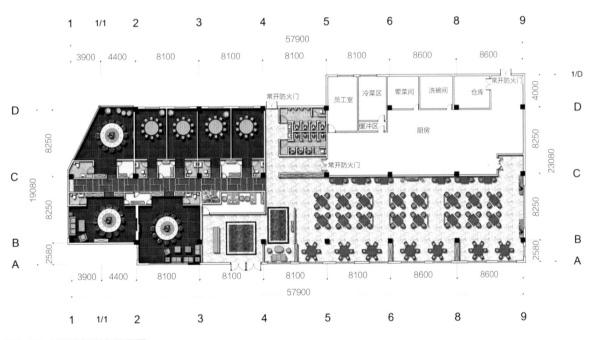

图3-38 餐饮空间彩色平面图

055

模块四

一

概念设计
与创意来源

☺ 学习目标

1. 了解餐饮空间创意思维的基础知识和创作技巧。

2. 了解和掌握进行创造性思维的方法。

3. 了解并掌握餐饮空间概念设计在餐饮空间设计中的统领作用。

4. 养成手绘快速记录和展示概念设计的良好习惯。

☺ 学习要求

1. 掌握运用创意思维设计的基本方法和流程。

2. 掌握运用创意思维进行设计方案构思和概念形成的方法。

☺ 教学情景

采取任务驱动项目教学，实现理论、实践一体化教学，以课堂讲授为主、课外实践为辅进行教学。

☺ 教学步骤

1. 理论讲解概念设计与创意的相关知识，讨论前一阶段的设计情况，并分析总结。

2. 根据设计策略提出设计概念。

3. 手绘展示概念草图。

4. 完成概念设计的整理并最终提交一份概念图。

☺ 考核重点

概念创意内容的科学合理性，创意来源和方法，运用创意思维分析、推导、总结的能力和手绘快速表达的能力。

一、概念设计

（一）餐饮空间概念设计概述

1. 概念的内涵

概念是反映对象特有属性的思维形式，人们通过实践，从对象的许多属性中抽出特有属性概括成为概念。在概念形成阶段，人的认识已从感性层面上升到理性层面。概念都有内涵和外延。内涵和外延是相互联系、相互制约的。概念不是永恒不变的，而是随着社会历史和人类认识的发展而变化的。明确概念的内涵和外延，才能正确地运用概念。研究任何一个概念都要涉及这一概念的内涵与外延，我们首先要明确概念的内涵与外延是什么。例如，以鲨鱼形态为概念来设计海洋馆，一方面体现海洋馆生态自然的功能内涵，另一方面也塑造出海洋馆灵动有力的建筑外观。（图4-1）

概念的内涵是指对这一概念所限定的对象所特有的、区分于其他对象特性的明确表述，是一种利用语言中的词或词组进行表达的思维形式。概念的外延是指所有具有这一内涵的对象，也就是所有利用语言的词或词组进行思维表达的形式都是"概念"。如图4-2，运用灵动的曲线来设计体育馆，寓意竞技体育的灵活、动感和美感的内涵。

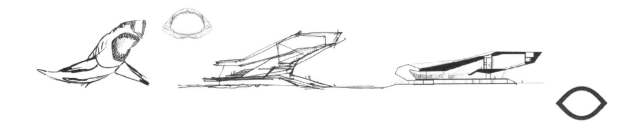

图4-1 海洋馆建筑外观草图

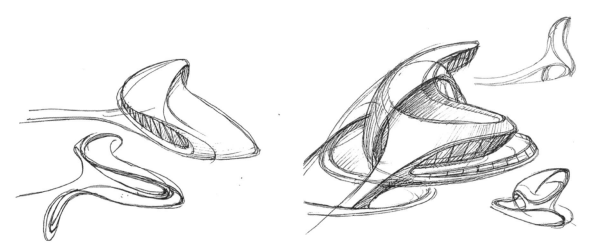

图4-2 体育馆建筑外观草图

概念是词语（表达载体）、词义或者说概念的内容、意义以及概念所指涉的对象、事件、思想等三方共同构成的关系。对于这几者之间的界定与关系的研究在不同的理论流派与主张中有着各自的侧重。

（1）语义学视野中的概念

概念的表达形式是词或词组，因此对于词的研究学科——语义学是研究概念的重要参照。正如索绪尔所说，语言是"词的语言"。词决定着其他语言单位，"是语言的机构中某种中心的东西"，每一个词都是语言学的微观世界，都是文献、文化的缩影。而词的核心是"词义"。语义学最新理论认为：语义就是概念。因此词义以及对于词义的研究是对"概念"进行理解的重要部分。如图4-3，利用"回"字的语义概念来设计公共空间的中庭路线，形成川流不息的空间动线效果。

（2）历史研究视野中的概念

按照德国史学家考斯莱克的观点："一个词语的意义总是指向其所意指的，无论其所意指的是一种思想，还是一个客体（object）。"意义总是和词语紧密联系在一起的，词语的意义依靠口头或书面的语境来维持，而这个语境与词语所指涉的场景有关。如果一个词语是在某种语境中被使用的，并且是为了这种语境而被使用，那么这个词语就成为一种概念。概念系于词语，但与此同时，概念又不仅仅是词语。在历史学家的视野里，概念是一种特殊的词语，是包含了语境的"词语"，概念聚合了"大量的意义"。如图4-4，将一个长方体通过几何切割的方式形成建筑单体形态，各种功能空间仍能有机相连，体现空间"融"的概念。

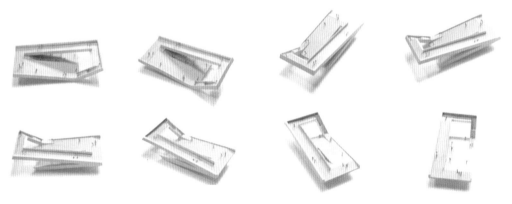

图4-3 回字形概念的建筑空间模型

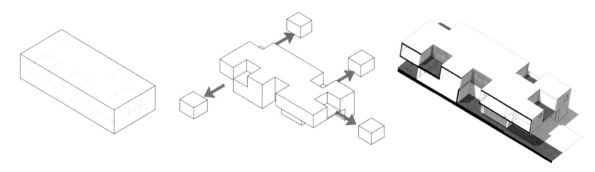

图4-4 运用几何形态切割方式构建建筑形态

（3）一般概念与特定概念

一般与特殊是哲学中区分对象的一对词汇。一般指普遍适用，具有共性的概念，而特定指具有独特性、个性的，因此一般概念与特定概念可以看成是对概念具体情况的某种限定。一般概念或称为普遍概念，是指反映某一类对象的概念。其外延不是由一个单独的分子构成，而是由两个以上乃至许多分子组成的类。特定概念相对于一般概念而言，是对于对象在某些特定条件或范畴的界定。如图4-5，运用镜花水月的一般概念寓意主题餐厅自然生态的特定内涵。

2. 概念设计的内涵

概念设计是由分析用户需求到生成设计作品的一系列有序的、可组织的、有目标的设计活动组成的，它表现为一个由粗到精、由模糊到清晰、由抽象到具象的不断进化的过程。概念设计也是利用概念并以其为主线贯穿全部设计过程的设计方法，概念设计是完整而全面的设计过程，它通过设计概念将设计者繁复的感性和瞬间思维上升到统一的理性思维从而完成整个设计。例如潮汕主题餐厅以"潮"文化为概念，进而在餐厅中构建日常潮汕地区的生活场景，以突出潮州文化的特色，引起消费者共鸣。（图4-6）

设计概念：镜花水月

释　　义：镜里的花，水里的月。
　　　　　原指诗中灵活而不可捉摸的意境，后比喻虚幻的景象或盛景。也用于比喻诗中不能从字面来理解的所谓空灵的意境。

诗句引用：镜中镜　李白：云山海上出，人物镜中来。
　　　　　镜中花　李白：镜湖三百里，菡萏发荷花。
　　　　　镜中水　元稹：海楼翡翠闲相逐，镜水鸳鸯暖共游。
　　　　　镜中月　李白：我欲因之梦吴越，一夜飞度镜湖月。

设计定位：建筑形式与风格：现代简约
　　　　　目标人群：小资消费者、商务人群
　　　　　功能类型：餐饮、交友、聚会

设计概念分析图：镜中花：水平如镜，因而采取平面设计。大范围的镜面中加入长条状灯槽位置，并且灯槽间两两交错，以此呼应镜花水月中的幻影之意。

　　　　　水中月：以水中波浪为元素作弧形处理，弧形末端双向直线处理呼应倒影关系。

图4-5 "镜花水月"主题概念餐厅设计意向

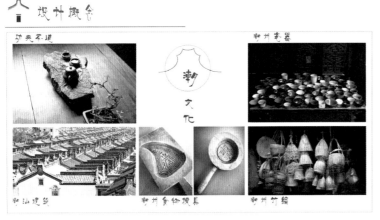

图4-6 "潮"文化主题的餐饮空间概念设计

（1）概念设计的定义

"概念设计"就是用视觉语言把我们对事物本质属性的认识表达出来，这种认识就是我们从事物中提炼概括出来的概念或思想，一般有两个层面的含义。一个是在项目策划上对组织活动的命名，赋予组织活动某种核心概念，它体现活动的性质、意义，指引活动的方向。这个层面的概念设计实际上就是提供一个"卖点"，一个主意，例如广东省博物馆以"藏"为概念进行设计，由此延伸到博物馆的馆藏精品及外观特色等设计要点（图4-7）。这是大多数人能够理解的概念设计，内容接近于主题设计。另一个层面是对项目提供一个以创新为目标的视觉方案，通过综合分析，整合各种信息，对预设的目标提出解决问题的方法和途径。这个层面的概念设计过程是理性为主导的。

在室内设计实践中，在设计的前期阶段，从大局入手，分析种种客观条件的限制约束，做出周密的调查与策划，分析出客户的具体要求及方案意图，忽略具体的细节，从地域特征、文化内涵等方面进行推敲，再加之设计师独有的思维过程，产生一连串的设计想法，才能在诸多的想法与构思上提炼出最准确的设计概念，最终形成一个概念性的方案，其目的是以此指导接下来进行的具体设计工作，并为今后的创作留有余地。简而言之，概念设计就是以设计概念为主线贯穿整个设计过程的设计方法。我们将概念设计定义为在室内设计初期，从大局出发，抓住主要矛盾，忽略次要矛盾和细节，通过分析和判断，把室内设计理论和工程实践经验相结合，确立若干设计概念，并以此为目标进行方案设计，将概念物化，为今后的设计成果在概念上进行预见性设计的过程。例如，以吴冠中先生的江南山水画为概念，抽取出画面中的抽象线条为基本元素，贯穿整个餐厅空间以体现水墨江南的餐饮空间效果。（图4-8）

概念设计是设计的前期工作，是详细设计的前提和基础。因此，做好概念设计的意义十分显著。概念

图4-7 广东省博物馆概念设计

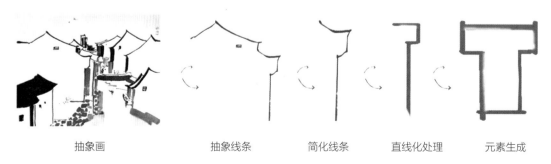

抽象画　　　　　　抽象线条　　　　简化线条　　　直线化处理　　　元素生成

图4-8 抽象画的符号提取

设计是实现创新的关键，概念设计阶段是设计中最富有创造性的阶段，是一个从无到有、从上到下、从模糊到清晰、从抽象到具体的过程。对广义设计来说，概念设计可以定义为："在对预设目标充分理解后，确定设计理念，构想实现目标的途径和方法，采用适合预设目标的表达形式，构成多种可行方案，评价和决策出最优方案，作为详细设计的依据的一种设计过程。"（图4-9）

（2）概念设计的内容

从事设计都要遵循一定的原则，这些设计原则和设计形式造就了多种多样、变化无穷的视觉形象世界。过去，概念设计在室内设计中只是一种用速写草图帮助设计思考的方法和过程。在设计中，这类思考通常与设计构思阶段相联系。在这个阶段思考与设计草图的密切交织促进了概念设计的设想和思路。随着时代的发展和人们观念的变化，如今，概念设计已成为数字时代全新的虚拟化和信息化设计创新的重要方法。

设计要决定实现预设目的的实施方案，从设计的全过程来看又可分为两个部分:一是概念设计，二是详细设计。概念设计是设计的前期工作过程，它体现了设计师对预设目的的深刻理解，体现了设计师的设计思想和设计理念。概念设计时需要进行形象思维和抽象概括，需要灵感和发散。因此，概念设计阶段十分富有创造性，没有这种创造性难以使设计达到尽善尽美的程度。

①哲理性思考："概念设计"强调思想与理念的形成与表达的过程，意图在于通过观念的物化建立起全新的生活习惯和生存方式，揭示设计活动的精髓和文化内涵。"概念设计"超越了一般设计的现实属性而走向理想形态，强调哲理观念的思考，以揭示和还原客观世界的本质为最高目标，从而获得更高的文化意义。例如以"老西关"为概念的特色餐厅，在设计中广泛运用西关的砖、瓦、石、门、窗、顶、街、巷、景等传统元素，其主要目的是为了营造老西关的生活场景，让消费者在就餐过程中能体验西关空间特色的同时，也能感受到传统的生活方式和生活习惯，体会古人的生活智慧和生存智慧。（图4-10）

061

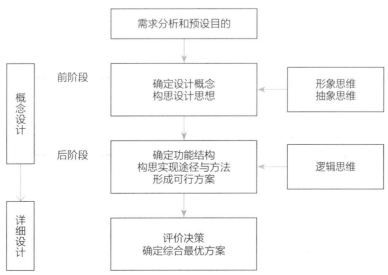

图4-9 概念设计的内容框架示意图

②可行性论证：概念设计制造和讨论"可能性"。在概念设计过程中，设计概念的评估是不断进行着的，然后从众多的可能性中选择一个最合适的、可行性最高的概念发展成为最后的结果。例如，戏曲作为中国艺术国粹深得百姓喜爱，戏曲脸谱色彩鲜艳、形态夸张、特征鲜明，以戏曲脸谱的形态作为概念来演绎空间，其中必须要解决的核心问题是空间功能实现的可行性。众所周知，室内设计遵循的普遍原则是形式追随功能，当空间的功能无法实现时，其形式感的存在将毫无意义。因此，以脸谱作为餐饮空间的设计概念时，论证空间形式在餐饮空间功能实现上的可行性，是必不可少的环节。（图4-11）

③体现新的空间内涵："概念设计"强调设计活动作为人类文化活动的观念性，强调设计也一样需要观念、主题甚至灵感，它将设计实现过程中的技术条件等同于艺术创作中的创作媒介，作为一种手段和工具，是必须的却并不是首要的。概念设计所要建立的是一种针对社会大众的全新的生活习惯、生存方式，是对传统的、固有的某种习以为常却不尽合理的方式与方法的重新解释与探讨，关心的是社会、社会中的人而不是具体的物。例如，悉尼歌剧院的设计理念是"蔚蓝大海，漂浮着几张白帆"，动静结合、蓝白相映给人一种诗意般的享受；上海金茂大厦的设计理念是"似塔似竹高耸入云霄"，象征着上海的飞速发展、蒸蒸日上，又融合了中华民族传统文化，成为吸引游人的标志性景点。

（3）概念设计的核心

概念设计的核心是观念。不同的设计观念会带来不同的行为方式和社会结果，认

设计元素

图4-10"老西关"特色餐饮空间的设计元素

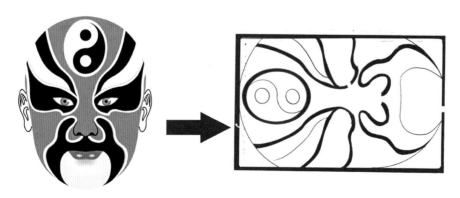

图4-11 戏曲脸谱演变成餐饮空间布局

识到新环境所强加于我们的新要求，并掌握符合这样新要求的新思想、新观念和新手段，这正是概念设计观念的新高度。

①从艺术设计的角度来看，概念设计的核心在于形式和功能的契合度。

概念设计不仅是整个设计过程中的一个环节，还可以作为完整的设计形态出现。概念设计在设计方案完成后，进入现实的详细设计和施工阶段，并不代表概念设计的消失。在现实阶段，可能会遇到很多各种各样主观的或客观的制约因素而导致概念变味。在每个阶段都仍然需要概念设计指导，除了可以保证概念的顺利表达，这个过程中也可能再次创新。创意存在于设计的每一个过程，概念设计与项目效果完美结合才能使作品完整。因此，从艺术的角度来看，概念设计的核心在于形式和功能的契合度。例如弗兰克·盖里设计的音乐厅，采用跳跃的音符、卡通的形态作为概念，与迪士尼的空间功能高度契合。（图4-12）

②从工程设计的角度来看，概念设计的核心是技术的可行性。

设计是指设想和计划，设想是目的，计划是过程安排，通常指有目标和计划的创作行为，而这一行为是包括前期预想与设定计划到实施计划完成行动的整个过程。"概念设计"尚未提出设计实施的具体可行的方法和计划，不是完整的设计形态。在工程设计的研究领域，人们往往把"概念设计"当作设计开始阶段的方案构想和宏观分析，它体现为粗略的草图、独特的设计观念和思想。一般在设计评比中打动业主的不仅是设计方案的独特观念，还包括具体技术可行性的分析。例如早期达·芬奇构思的直升机概念图，不仅仅是对直升机的形态进行设计，更重要的是运用了空气动力学的基本原理对直升机的概念进行解析，尽管受限于当时的科技水平无法实现直升机的真正飞行，因此从工程设计的角度来看概念设计的核心是技术的可行性。（图4-13）

在现代工业社会中，概念设计成为了大机器生产的工业化产品的代名词，有大量以"概念设计"命名的设计作品。以概念车为例，世界各大汽车公司都斥巨资研发概念车，将最新的科技与理念用于汽车的设计，这些汽车并不以真实投产作为目的，而更侧重于通过各种发布会上的公布来了解消费者的反映，为以后的发展做准备，同时也向外界展示自己公司的实力。由此可见，概念车是一种暂未正式成为商品投入市场的"预备"或者"试探"产品。也因为其暂时无需考虑批量生产的可行性，因此可以给设计师提供自由发挥与想象的空间，也使探究新科技与产品结合的实验得以实现。诸如概念服装与概念家具等，都具有类似的特性，即暂时未成为需要量化的商品，而更加注重新的材料与科技的介入以提升概念设计理念的创新能力。

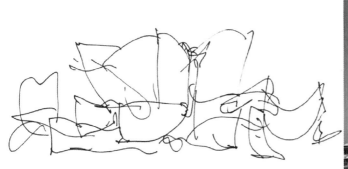

图4-12 弗兰克·盖里迪士尼音乐厅概念手稿

图4-13 达·芬奇的直升机概念图

微课视频4-1

（二）餐饮空间概念设计原则

1. 注重市场的导向性

市场导向是指企业既重视顾客的需求，也重视竞争者，力求在顾客需求与市场竞争之间求得一种平衡的营销观念。餐饮空间的风格以及商品技术的革新都必须把市场的导向性放在第一位，从市场分析中找准消费者的脉搏，刺激消费者消费。如创意型餐饮空间并不一定是主题餐饮空间，而主题餐饮空间却属于创意型餐饮空间。创意型餐饮空间主要是为大众化餐饮服务的，创意型餐饮空间的设计必须以市场为导向，按照与企业自身能力相匹配的目标市场和消费者定位进行生产、设计和服务，做出正确的营销策略以及设计方向。（图4-14）

（1）掌握市场需求

市场需求是消费者需求的总和，影响消费者需求的因素有很多，譬如，消费者的兴趣爱好、个人收入、产品价格、替代产品、产品质量等。消费者消费的行为被定义为感知、认知、行为以及环境因素动态互动的过程，所以，当消费者对餐饮的需求由温饱上升到更高的精神需求时，他们需要的是求新求变的设计，希望在餐饮空间中体验不一样的东西。同样的价格，消费者肯定会选择独特舒适的饮食环境。消费者是餐饮业生存和发

设计定位

1. 档次
中低消费

2. 目标客户群体
面向各类中低消费的人群

3. 设计风格
现代简约风格，细节中体现客家意蕴

图4-14 中餐厅的设计定位

展的依托，这就要求投资者要将消费者需求与经营的模式结合起来，这样才能开辟一条新的发展之路。经营者在进行市场分析的时候，一定要考虑大的社会背景，可以通过市场调查、主题定位以及营销策略制定等方式对现有的消费群体及市场进行研究，最终的结果将直接影响设计的定位。（图4-15）

（2）分析市场定位

经营者在设计初期除了要分析出市场的需求，还要清楚自己的市场定位，在这个商业竞争社会，经营者必须对竞争者的实力有所了解。随着创意经济的到来，餐饮空间设计以及食物的质量都在提升，正所谓"知己知彼方能百战百胜"，面对激烈的市场竞争，经营者必须突出特色。设计者在设计方面，要以经营者的主要思路确定设计方向，对比周围餐厅的设计风格及手法，做到空间的原创性以及创新性，营造出不一样的空间氛围。

2. 注重空间的情景营造

（1）实用性与审美性交融

餐饮空间的设计目标主要是依托兼具实用价值与艺术审美价值的空间与装饰设计，为其带来更好的发展与经济效益。因此，设计不仅要实用便捷，还要美观、有艺术趣味。设计过程中应当将设计的实用性与消费者的审美需求相交融。通过对餐饮空间进行合理与实用地设计，在空间实用性功能发挥到最大化的同时将符合经营主题的元素融入其餐饮空间中，使消费者身处舒适的就餐环境，品味特色美食的同时得到审美需求层面的满足。（图4-16）

餐饮空间设计要满足实用性与审美性相交融的需求，主要可以从空间布局与色彩搭配两方面入手：在空间布局方面，合理便捷的功能划分能有效解决餐饮空间的实用性需求。设计师应根据消费者行为特点合理划分空间。比如中式自助餐厅，饮料自取属于自助餐过程中的次要功能，如果将其直接安排在空旷的空间，则会造成空间上的浪费，让整个规划变得不是那么合理，从而无法保证实用与审美体验兼具的原则。而在色彩装饰搭配方面，餐饮空间宜用亮色的装潢和明亮的灯光点缀，墙壁的颜色主要应以素雅为主，如白色、米色、暖灰色等柔和色彩，尽量不跳跃刺眼，且不能有太多反光，否则人身处其中会感到不适并产生不安情绪。

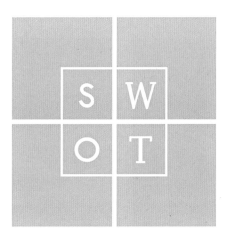

Strengths
①文化商业氛围好
②环境安静，风景好
③人流量大，交通便利，附近有公交站
④逛街的人多，美食餐饮吸引消费人群

Weaknesses
①周边没有相关茶行业空间，茶叶市场少
②下午时间段人流量多，其他时间段少
③处于商圈内，餐饮业比较饱满，竞争力大
④位于越秀商圈，店铺租金偏贵，如果没有稳定的客户群，是很难维持经营的

Opportunities
①地处建设六马路，周边楼盘多为写字楼，能提供更多利润
②周边咖啡厅比较多，饮茶空间几乎没有，因此有绝对的发展优势
③消费者需求变化快

Threats
①周边餐饮、休闲咖啡厅多，竞争大
②位于特色街道，需要结合本地文化
③附近除了游客多，外国友人也多，而星巴克带走大部分中高端客户

图4-15 中餐厅市场需求与设计定位分析

（2）真实性与情景性交融

消费者在餐饮空间营造的情景氛围内就餐时的心理感受，对其是否愿意再次来到该餐厅就餐起到至关重要的作用。所有餐饮空间内情景氛围的营造都应该源自于真实存在的事物，这样才能够让消费者身处其中得到情感上的共鸣。因此，餐饮空间的概念设计还要符合相应地域文化、民族文化以及自然景观文化的真实面貌，其中包含着相关知识、信息与情感的真实性。同时，还需要强调设计中蕴含的情景性，将情景性与真实性相交融，在设计中不弄虚作假或者过于浮夸，使消费者在用餐过程中融入具有真情实感的情景里，将餐饮空间概念设计体现出的价值发挥到最大，并能够有效表达出设计中蕴含的真实文化与自然背景，传递设计者最真实的设计思想。（图4-17）

餐饮空间的概念设计还可以将相应地区的真实地域文化与其营造出的情景性相交

图4-16 餐饮空间的实用性与审美性

图4-17 佛山餐馆设计参考

融。不同地域环境拥有不同的历史文化风俗，将富有真实性的地域特色元素融入餐饮空间设计中，不仅可以独树一帜，保持较长时间的设计独特性，还能够在本地或者周边居民中巩固情感上的归属感。通过结合真实的地方文化和特色，设计出独特的餐饮空间，是弘扬真实地方文化的重要途径之一。同时，将这种具有真实性的文化特点融入设计中，对于中式餐饮空间的情景性营造具有重要意义。也正是在这种理念的驱动下，越来越多体现真实文化背景故事的城市中餐馆如雨后春笋般不断涌现，它们的设计均从相应地区不同阶段真实的历史与饮食文化研究出发，强调设计在真实文化背景下空间情景性的表达，对于打造城市特色名片也有着重要意义。

（3）文化性与情感性交融

在时代经济飞速发展的大背景下，餐饮空间设计受到经济全球化的影响逐渐趋于同质化，大多数都缺乏其应该具备的文化内涵。同时，当今城市消费者的情感层面需求在物质生活已得到充分满足的前提下逐步增长，因此，为了满足消费者希望在富有文化内涵的就餐环境中得到情感归属这一消费需求，在其空间的概念设计里便应该遵循将文化性与情感性相交融的设计原则。（图4-18）

整个就餐过程往往是消费者生理、心理、情感三方面需求的总和。因此，当前的餐饮空间概念设计应该更加强调人是环境的主体这一宗旨，做到以人为本，从消费者的生理需求出发，使设计充分贴近人们的工作与生活的同时，让消费者能够从空间内的各种设计细节感受到关怀与包容，通过在餐饮空间中获得的有趣、舒适、愉悦的体验让其在情感需求层面上也得到满足。同时，不同的文化内容中夹杂着消费者自身不同的真情实感，因此在餐饮空间内的概念设计中融入具有文化性的设计内容便能够有效营造出具有相应文化主题的情景氛围，提升餐饮空间的文化品位。并且这种情景氛围能够将消费者的味觉、视觉，甚至听觉等多种感官体验结合起来，将餐厅的文化性和情感的愉悦性融为一体，使消费者能够身临其境全方位地感受文化与饮食给其带来的归属感。（图4-19）

对于营造具有文化性与情感性氛围的餐饮空间设计来说，首先要针对经营主题来确定文化艺术元素的运用，并针对消费者不同的情感需求与日常生活习惯做出调研分析，以求设计出与之相应的个性化餐饮空间布局；其次在餐饮空间的文化性展现方面，则可通过餐饮空间内的软装元素，如运用壁画、浮雕、灯光、装置艺术、装饰色彩等形式描绘文化故事、突出文化内涵，为消费者提供舒适且兼备文化性与情感性的情景式餐饮空间。

图4-18 餐饮空间的文化性

图4-19 餐饮空间的情感性

3. 突出概念的主题性

餐饮空间的概念性就是要突出其空间主题，强调空间的特色与艺术氛围，通过不同的主题文化打造精致的饮食环境，创造不同的饮食体验，主题性也是餐饮空间设计的核心。

（1）以自然风光为主题

由于生活压力的不断加强，人们希望心灵得到释放，回归自然成为新时代的潮流，以自然风光元素设计的餐饮空间受到人们的追捧，如山间的流水、绿色的草地、朴实的农舍、和煦的阳光等。以休闲田园元素为主的餐饮空间设计常用天然的竹子、木、藤、石等作为设计主材，配合绿植、钢筋、水泥、玻璃等现代材料，两者配合融洽，突出"自然休闲"的主题。（图4-20）

（2）以地域文化为主题

在中国广大的地域空间中，北方有以土炕、土墙为主题设计的乡村风格的餐饮空

在线案例4-1

自然和水
NATURE AND WATER

"渔村"环境营造
"借太湖之水，浴庭院之身"
对于"渔村"的室内环境，我们希望它的空间氛围是轻松而温馨，轻灵而不失庄重，有着柔和的灯光、舒适家具、细致入微的服务；在营造手法上，我们追求的是自然，运用一些简洁的手段来塑造各服务空间，但简约中不失情调，结合窗外的片片绿植，潺潺的流水，营造一种给人留下印象的情趣的主题，并且通过运用"水"的元素组织形态，体现一种亲近自然的放松氛围；在造景方面，我们借用中国传统的造园手法，景随步移，再融入现代人的审美和设计思路，利用山石的自然形态和大面积的水域内外互通，造成内外景观互相融合的景象。

图4-20 "自然和水"概念的渔村餐厅设计

间，南方有以"鱼米之乡"等为主题的餐饮空间设计，地域文化特征鲜明。如图4-21，设计者用当代的手法将传统与现代性相融合，以简洁的造型和鲜明的主题展现了浓郁的江南水乡特色。

（3）以时代文化为主题

"怀旧寻古"或"探究未来"一直是特色餐饮空间常用的设计手法。围绕历史的某一个时间段的时代特征对餐饮空间进行设计，能赋予空间极强的时代感以及视觉冲击力。如图4-22，海洋世界很受孩童欢迎，该餐饮空间是设计师从"海洋世界"中获取灵感，采用海洋主题元素以及空间色彩效果来塑造的，空间的背景音乐还会时不时发出海洋深处的声音，珊瑚礁、鲸鱼、海藻、太阳光折射在海底的光影效果等也会被以新媒体的方式呈现，使整个空间充满海洋主题的韵味。

（4）以特定的事件或情境为主题

情节化是创意型餐饮空间的另一个特色，这类餐饮空间主要是让消费者感受特定的故事，追忆历史或童年，一般这类餐饮空间都会使消费者产生心灵的共鸣。如瑞士苏黎世的一位盲人牧师创办的"黑暗餐厅"，其概念设计即源于一部名为《巨鲸历险记》

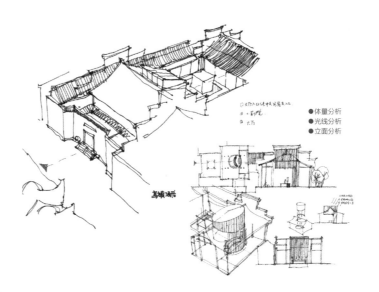

图4-21 "江南水乡"概念的餐厅空间设计

图4-22 "海洋世界"概念的餐厅空间设计

的童话故事，该空间就是让消费者在光线微弱、气氛神秘的地方享受美食，在这里，消费者主要靠听觉、触觉和味觉来感知，这样的饮食环境大大增加了神秘感，很适合那些猎奇心理比较强的消费者。（图4-23）

（5）以科技为设计主题

科技是第一生产力，消费者除了装饰上的体验，还可以亲身体验科技给人们带来的便利，它强调的是人性化与科技的互动性。随着移动互联网的发展，餐饮行业的网络营销也在悄然兴起。消费者可以直接通过网络订餐，大大减轻服务人员的劳动强度。如当下兴起的一些机器人餐厅（图4-24），就充分运用了移动应用和智能管理，消费者可以在不需要服务员出现的情况下点菜、买单，在等待上菜的期间，还能进入该系统玩游戏。享受美食的过程中，桌面系统还会随时弹出一些甜品的图片，使得餐厅的甜品销量大幅度提升，全过程机器人服务，呈现出全新的消费场景。

图4-23《巨鲸历险记》概念的餐饮空间设计

图4-24 机器人餐厅

二、创意来源

（一）自然生态概念创意

微课视频4-2

1. 用自然之物

（1）自然原生材料

自然材质是对天然原生材料的利用，是以最自然的属性出现在人类的生产生活之中的物质。同时，作为一种文化符号，自然材质自身就有具象的表达功能。原生材料，顾名思义，就是指在实际应用中，因地制宜、就地取材的天然原材料，比如竹材、藤蔓、生土、石材、木材等。这类材料通常只需要经过简单工序的加工，就能凸显出材料本身的质感与肌理，具有独特且鲜明的个性特征，在经济上节约建造成本，视觉上提升美感，生态上减少资源的消耗。木材作为室内设计中使用最多且最广泛的材料，在表现质感和亲近感上易给人回归大自然的感觉，如中国古代早期建筑大多为木构建筑。木材具有多种处理与加工方式，按形态划分可分为原木、木条、木块、木屑等。如利用木材本身的物理特性将木条进行一定程度的弯曲、变形，通过排列组合往往会呈现出韵律感与节奏感。

广州帽峰山度假酒店餐厅空间设计提案（图4-25），将木条运用在天花的设计构思上。基于建筑前高后低的空间结构，用多层重叠的长方形木条构成动态的天花，原木色的木条经过排列组合，给人以视线上的引导，同时木材本身的质感和纹理也给人以古朴清新的气息，更加切合主题。

（2）可再生材料

可再生材料，通常意义上讲，指可循环再利用的材料，具有适用性、审美性特征。受绿色、生态、可持续设计理念等多维度研究领域的影响，可再生材料的生产工艺和技术有着明显的生态性特征，大多可再生材料可以直接、间接、循环再利用，这能够促进资源的合理利用。餐饮空间使用可再生材料的来源主要分为两个方面：

一是指在保证原始特性的基础上，无须经过复杂加工处理可进行循环再利用的原生材料，包括竹、木、石材等，主要来源于施工地范围内可就地取材的天然材料。例如广州莲花山度假酒店"卧莲餐厅"设计（图4-26），设计师用传统材料与现代废弃材料相结合的方式进行构建，其中75%为可再生材料，所用材料包括石材、夯土和当

图4-25 自然原生材料构件主题餐厅空间

图4-26 "卧莲餐厅"可再生材料设计提案

地盛产的毛竹。石材就地取材，夯土为现场挖掘的泥土，使整个建筑做到"取之于土，形之于土，归之于土"的可再生循环过程。

二是指改变材料本身的性能特点，提升及优化材料属性，包括竹、木、生土等。竹子是一种广泛分布于我国闽、湘、川等地的自然材料，生长周期短、生长能力强，且可再生和循环利用。在室内设计领域，竹子可以承担结构性的设计用途，进行空间的结构编织，不仅对建筑起到稳定支撑的作用，还带有一定的韵律感与视觉美感。

（3）科技创新材料

传统材料例如砖、瓦、石、木、竹因其自身属性无法突破建造高度及长度的限制，这是传统材料在现代设计当中难以广泛运用的关键因素。现今，人们对这些传统材料的现代化演绎有了新的解决方式——同新的科学技术相结合。木材作为使用最为广泛的自然材料之一，因其承载性强和耐火性好也常被用于建筑结构当中，起主要支撑作用。传统木结构建筑主要采用梁柱体系，结构体系和木材尺寸的局限使木结构很难实现较大的跨度，而新技术的出现为其带来了新的可能性。木材本身的单位重量承载力并不强，小截面材料的诞生为实现这一可能提供了技术支持，通过对木材进行打破重组，形成新的建筑材料，可以优化材料物理特性，而运用到较为大型的建筑结构当中，在解决功能性的同时也能表达和塑造技术美感。

日本结构工程师山田宪明在日本轻井泽王子购物广场内的池塘畔主持建造了一座二层建筑（图4-27），该建筑将作为餐厅使用，基于对项目周围环境的调查，选用由当地生产的小截面木材为主要建筑材料，并用集成材实施。餐厅整体由三个特殊的格状网架构成，运用立柱相互支撑抑制弯曲，实现了高挑空间的预想，三组网架结构互相支撑，共同塑造了通透灵活的室内空间。在木结构包裹的空间环境下，人们更能感受到舒适宜人。

2. 仿自然之形

仿自然之形就是在室内设计中运用仿生设计，仿生设计也可称之为仿生设计学。在某种意义上说，仿生设计学是仿生学的延续和发展，是仿生研究成果应用于人类改善生存方式活动中的反映。当前仿生设计已经衍生出多个不同的分支，例如形态仿生、结构仿生、色彩仿生、肌理仿生等。

（1）形态仿生

自然界物质元素经过长期的进化形成了较为完美的形态，借鉴自然界中的有机线条与富有节奏、韵律、均衡、对称的形态进行仿生设计，将赋予室内设计自然属性。形态仿生设计，即研究生物（包括动物、植物、微生物、人类）的外部形态及其象征寓意，然后通过相应的艺术处理手法将其运用到设计之中。在室内设计中，对自然元素的仿生设计需要抽象化的演绎，可以是对目标对象外形的整体提取，可以是截取物质本体某一部分或者能满足设计要求且具有一定比例关系的形态特征，也可以是在原有形态上的创意改造。通常来讲，自然形态是固定不变的，因此在设计过程中就需要与不同的设计要素相结合，产生不同的思维碰撞，设计师只有在深刻认识与剖析自然元素的基础上，把握自然元素的精髓，才能够对自然元素的仿生设计有一定的控制力。

著名的建筑大师高迪喜欢自然界有机物体形态的优美曲线，在大自然中寻找创作元素从而刺激灵感的产生。高迪的建筑设计并不是单纯模仿与复制自然界物体的形态，而是在领会设计美的前提下进行创作。米拉公寓（图4-28）作为高迪最具代表性的建筑作品之一，在整个建筑中显示出了他对曲线元素的近乎狂热的冲动。在公寓外部，高迪受到当地植物与地中海宜人风景的启发，将蒙特赛拉特山山峰的形状应用到公寓屋顶波浪形的结构当中，展现出抛物线般的形态特征。

图4-27 Artichoke 餐厅/日本

图4-28 高迪米拉公寓

（2）结构仿生

结构仿生属于建筑仿生设计下的一个分支，并逐渐发展成为一门独立学科。结构仿生设计，主要针对生物体和自然界物质所独有的内部结构进行研究，并对生物体由内至外的结构变化加以利用，融入到不同的设计产品和设计理念当中进行创新改造。自然界中的生物和物质生长环境不同、形成时间不同，不同种类之间存在着较大的差异。如果对自然物体进行深入研究，不难发现每种生物体各个部分与形态按照一定的构造手法串联起来，共同拼接成一个统一的整体，都具有独特的组织结构，并衍生出了许多新兴的结构形式。设计师在对自然结构形态特征的探索中取得了对自然美感的认识，从而产生了一些形式美的原理，并将这种从感性升华为理性的知识运用到新的设计当中，这也成为设计师取之不尽的灵感源泉。

结构仿生设计元素主要来自两类：一类是动物的骨骼结构、肌肉组织等，一类是植物的枝干、细胞结构等。太平洋环境建筑事务所在新西兰红杉林中修建了一个悬挂于杉树中间部分的灯笼状餐厅（图4-29），形似孩童儿时嬉戏的树屋。树屋的外形似洋葱或一瓣大蒜，建筑外形以自然的有机形式呈现，垂直设置的鳍模仿了笔直而立的红杉，使建筑能如同自然生长一样融入周围的环境。

（3）色彩仿生

色彩仿生设计作为仿生设计学重要组成部分，是在仿生学的基础上发展而来的。色彩仿生是以对自然色彩的客观认识为基础，根据色彩本身的物理、化学性质和人类对色彩的认知规律，按照一定的艺术手法把自然界的生物色彩应用到相应的作品中去的设计方法。大自然丰富多彩的可视化色彩元素是进行借鉴的直接来源，特别是对于主题性餐饮空间而言，经常可以提取一整套完整的配色方案用于设计当中，引导人们联想，深化认同感，构建人与自然和谐共处的桥梁，加强人与自然元素之间的联系，减轻人们的生活压力，对心理调节和生理调节具有重要作用。

广州沙滩主题火锅餐厅设计中，设计师提取出海洋、沙滩、椰子的颜色为基础色，以深蓝和浅蓝的海洋为空间辅助色，同时提炼出椰树叶子的线条元素，应用于墙面与顶面，天空的蓝与金沙色的水磨石相呼应，营造出清新自然、舒适休闲、时尚轻奢的聚餐氛围。（图4-30）

（4）肌理仿生

谈及肌理仿生设计，不可避免地会对肌理做出相应的阐述。肌理，概括地讲是指依

图4-29 新西兰树灯笼餐厅

附于材料，一种客观存在并且可以人为制造的物质表面特征形式。其中"肌"指的是材料物体自身的质地，而"理"指的是材料纹路的疏密、粗细、大小、样式、间距、方向、位置、色彩、形状等的安排和组织。不同的物质具有不同的物质属性，也决定了它们具有特定的肌理形态特征。肌理从类别上可分为自然物质所具有的肌理与人工物质所形成的肌理。前者直接来源于自然物质元素，后者是经过人工合成产生。肌理仿生设计，是在对肌理正确认识的前提下，对自然元素进行细致入微的观察，通过触觉与视觉感受等方法，注重对自然元素表层纹理及内部结构特征的剖析模拟，再现到室内设计中，表达个性化的设计主题，更好地满足感官体验。肌理仿生设计一般可分为直接仿生、间接仿生两种类型：直接仿生就是在不经过任何加工的情况下直接运用自然元素原始纹理效果进行仿生设计；间接仿生是指对自然元素经过简单加工运用到设计当中，增强其优势特征。（图4-31）

3. 引自然之像

（1）具象之像

绿色植物，是生态系统的重要组成部分，从字面上来看，泛指各种绿色的植物。中国古代就有"五行"之说，其中"木"对应的就是绿色植物，可见绿色植物的重要性。当今社会，人们生活节奏加快，心理压力增大，对绿色植物有了更多的喜爱。而植物因色彩丰富、姿态各异受到人们的追捧，不论其种类，都展现出勃勃生机，引人积极向上、奋发图强。绿色植物应用到室内空间中，成为人们的普遍期望。

SEA
海洋

BEACH
沙滩

COCONUT
椰子

图4-30　广州沙滩主题火锅餐厅

图4-31　材料肌理在空间运用的效果

　　萨夫迪建筑事务所设计的新加坡樟宜国际机场（图4-32）是巧用绿色植物较为成功的例子，有效地利用了植物的不同组合方式形成的景观风貌，实现了对环境的改善。机场心脏部分是一个天然氧吧，中心建有世界上最高的室内瀑布"雨旋涡"，四周辅以热带植物分布的阶梯式室内花园，瀑布与植物成为机场的核心。绿植形成的公共空间成为连接花园与各部分之间的纽带，将自然与文化及休闲设施联系在一起，并通过人行天桥将一号、二号和三号航站楼相连，引导出入境旅客与当地市民参观游览。同时将四个入口花园进行重新规划，用植物对游客进行引导，也用植物形成的绿色区域同其他航站楼之间形成过渡空间，产生视觉上的连接。

　　（2）抽象之像

　　在室内设计中，人对自然意象的抽象理解来源于对自然景物的崇尚，与社会、经济及文化背景密切相关。首先，城市发展与乡村滞后，自然界与人在心理层面上的距离不断加深，这种距离感使自然元素摆脱其物质属性而上升为审美对象。其次，新的建造技术也为自然元素的实现提供了技术支撑。科技的发展让使用者更容易获得与自然相近的感官触动，从而为抽象概括创造条件。而引发使用者对自然意象产生抽象概括的过程实际上就是使用者对事物认知、理解、联想、还原等一系列的思维过程。

　　在中国深圳的深国投广场三楼室内连廊中，有一个名为蜂巢（图4-33）的室内艺术装置，通过对现有建筑、商场与人在场所中关系的解读，从自然中汲取灵感，并且运用3D数据生成和3D激光切割技术，构建出了一个儿童乐园般的场景，为空间增添了感性元素。装置主体由两部分组成，蜂巢采用直线元素形成多个六边形组成的排列

图4-32 樟宜国际机场/新加坡

图4-33 深圳国投广场蜂巢装置

结构，蜂后则采用弧线元素重复串联而成，方形与弧形的穿插带给人带来更多的趣味性。整个装置不由让人联想到自然界中辛勤劳作的蜜蜂，畅行其中仿佛成为蜂巢的一部分，给人以喜悦之情。

（3）光影之像

自然光线作为一种抽象自然元素，通常指的是太阳光，是大自然赋予人们的一种可再生循环利用的自然资源，取之不尽，用之不竭。不同于人工光，自然光为人们提供了柔和、明亮的空间环境，也更适合人的生物本性以及生理和心理健康的需求。

4. 传自然之神

在室内设计的过程中，通过对自然元素进行创意表达，或直接仿照自然山水，或创意自然符号，展示出人们对自然美好向往之情，在满足空间功能性的前提下，追求深层次的美学价值，使人们足不出户便能感受到大自然的无穷魅力。

（1）仿自然山水

对自然山水的仿照自古以来就被广泛运用在各种领域中，诗人用山水诗借眼前的景色表达一种哲理与境界；园林将建筑内空间与外空间看成一个整体，运用亭、台、楼、阁、廊、榭使建筑与环境融为一体，树立"虽由人作，宛如天开"的意境之美；室内设计中则运用山水元素传递意境之美。在现代室内设计中，最具代表性的案例之一就是由著名建筑设计师贝聿铭主持设计的苏州博物馆，整个建筑设计从室内室外都是对自然山水的借鉴。在室外墙壁上，贝聿铭将叠山的设计手法同现代设计风格巧妙结合，以白墙为底，以花岗岩为主要材质象征自然山川，凭借对艺术的领悟，对天然石材进行选型、搭配、构图，与水面结合，共同形成了一幅立体山水画（图4-34），表现出了自然山水意境。在博物馆的室内水景幕墙面所构成的水槽彼此相连构造出一幅重峦叠嶂的山峦形象，而经过精确控制水声分贝的水流穿行其中，使人走过幕墙水池能听到自然中潺潺流水声，体味自然的舒适与宁静。

（2）取自然符号

自然符号的提取是人们在对自然元素认识的基础上高度概括的总结，是从具象表达到抽象思维的过程。现代餐饮空间的设计中，以展现植物生机为主题理念，运用一定的空间设计手法，为繁忙的都市工作者创造出一个感受自然的场所。如图4-35，作为一家以素食经营为主的西式餐厅，为了呼应餐厅的主题，设计师抽象自然中植物根

图4-34 苏州博物馆山水墙

图4-35 林悠涧餐厅设计/何建文/指导老师 梅文兵

枝叶的形态为元素,对其进行简化与创作,构造出流畅的自然线条,形成新的设计符号,意在表达空间传达出的自然之美。

(二)地域文化概念创意

1. 建筑文化

由于地域环境和生活方式的不同,地域建筑形式也会有很大的不同。建筑中隐藏着许多传统的地域文化元素,如建筑布局、空间思想、建筑构件等,能够体现当地的地域文化特色,因此,提取恰当的建筑文化元素,运用在地域文化主题餐厅室内氛围中,不仅能够增加餐厅的地域文化氛围,还能使就餐者在空间中更好地感受和了解当地文化。

（1）建筑布局

如广府地区主要是以四合院为主的建筑形式,外观规矩,中轴对称,由于受到儒家文化的影响,无论是官式建筑还是民居建筑,体现的中心思想都是"礼制"。虽然在建筑构造、装饰等方面,两者具有很大的差距,但其基本布局形式是相通的。由于中国传统建筑的布局、朝向、住房结构是非常适合人居生活的,也都能体现出地域特色、地方的气候条件和人际关系,在对地域文化主题餐厅的调研中发现,有些依托于传统建筑为主要框架的主题餐厅是利用原有建筑布局形式进行的设计。

四合院的平面布局形式能够为依托于传统建筑为主要框架的主题餐厅动线提供思路,即按照四合院的动线来设计（图4-36）。首先,四合院中明确的空间流线,使每个房屋都有清晰的关联,能够将人们有秩序地引领到要去的空间中,扩展到主题餐厅中,

微课视频4-3

有秩序的流线，能够使就餐者迅速就座，节省就餐者和餐厅人员的时间，符合快节奏的新时代生活；其次，中心明确、层次分明，四合院的平面布局满足公共区域与私密区域的功能关系，中心庭院在四合院中是公共空间，因此在主题餐厅中可以设计为等待区之类的公共区域，正房可以设计为包间等较为注重安静和私密的区域。这样的布局形式既能够让消费者得到传统地域建筑的体验，又能更好地和它的功能结合起来。

（2）空间思想

在"礼制"的影响下，四合院所有房间的规格、朝向等都有所不同。作为大空间、大尺度的正房部分，进深、面阔都比厢房要大，并具有"负阴抱阳"的最佳位置，因而在地域文化主题餐厅中，根据客户人群的需求，可以将正房设计成大的包间场所，能够容纳多人共同进餐，也不会受到其他人的干扰；东厢房在规格上比西厢房要大，在东厢房可以设计为半独立式包厢，既有所分隔，又具有通透性，但私密性相对较弱；西厢房就可设计为散座区，人与人之间接触能够更密切。"礼制"的特点使四合院形成了不同的空间格局，形成了不同的尺度和不同的位置，而不同的位置和不同的尺度恰好能与主题餐厅的功能分区相结合，进而为主题餐厅营造出传统四合院生活的氛围环境（图4-37）。虽然这种布局方式不具有普遍性，但是对于依托于传统建筑的地域文化主题餐厅是具有一定参考价值的。

（3）建筑构件

建筑构件不仅是建筑的支撑体结构，也是传统建筑内能够体现主人身份地位和喜好的装饰。叠砌考究、雕饰精美的建筑构件，除了具有遮挡视线、装饰美化等作用以外，还有传说中聚气生财的寓意，这个寓意对于地域文化主题餐厅来说至关重要。餐厅本身就是一个以营利为目的的商业空间，那么留住钱财自然也是现代社会餐厅经营者的根本目的，因此，在地域文化主题餐厅中运用建筑构件，既能够体现传统建筑的精髓，又能够从心理层面获得慰藉，应用非常广泛。

在社会的快速发展下，出现许多新兴的设计手法，可以提炼建筑构件的外在形

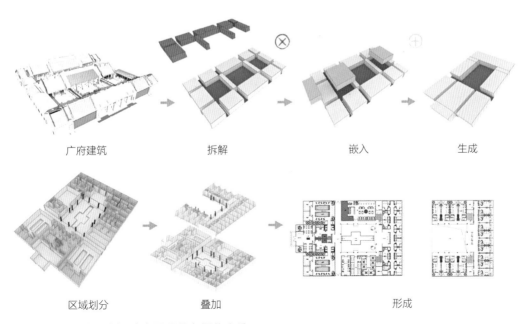

广府建筑　　　拆解　　　嵌入　　　生成

区域划分　　　叠加　　　形成

图4-36 运用广府建筑布局空间/陈志强/指导老师 梅文兵

式、寓意内涵等，将其做现代化处理，保留其文化内涵，如影壁作为餐厅入口前台的背景墙。虽然影壁在不同的主题餐厅具有不同的外在表现，但在作用上是一样的。（图4-38）

2. 视觉文化

不同的地域所呈现出的地域视觉装饰也大有不同，其中图案、色彩、材质是地域视觉装饰中最基本的构成元素，通俗来讲就是我们肉眼能够看到的一切装饰，而视觉感官在人的所有感官刺激中所占比重是最大的，因此，视觉形式是最有表现力的。建筑物如此，地域文化主题餐厅亦如此，地域视觉装饰在主题餐厅氛围营造中有着举足轻重的作用。

（1）图案装饰

中国传统的装饰图案形式丰富多样，有象征皇权的龙凤、麒麟等，也有很多自然界中的各种事物。从类别上主要分为动物图案、植物图案、文字图案和雕刻工艺图案，并赋予它们特殊的寓意，以求吉祥。动物中的龙、凤、蝙蝠、仙鹤、鹿、喜鹊等，都是建筑装饰图案中的常见之物，并达到了相当高的艺术水平。如龙属于神兽，寓意尊贵；蝙蝠谐音"福"，被视为福的象征；喜鹊象征着喜事到家等。人类从狩猎文化发展到农耕文化，装饰纹样也随着社会的进步发生了变化，即从动物纹饰发展到植物纹饰。植物图案原形来自于大自然，承载着人们对生命的向往和与自然和谐共处的思想观念。这些植

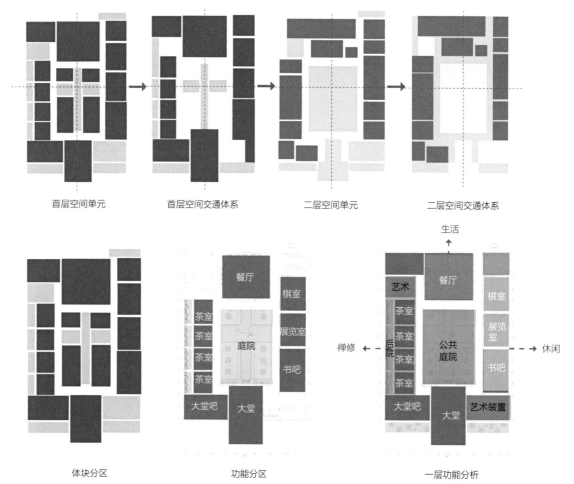

图4-37 运用建筑思想布局空间功能/余洪穆 许旭丹/指导老师 徐士福

物图案在营造地域类主题餐厅的氛围上也有着至关重要的作用。在日常生活中常见的植物纹饰有梅兰竹菊、牡丹、莲花、葡萄、石榴等；也有将动、植物等的多种形象组合在一起进行装饰的，如将松树与仙鹤组合，象征着"仙鹤延年"；牡丹与桃的组合，具有"富贵长寿"的寓意。牡丹适合用在以宫廷文化为主题的餐厅中，具有富贵、繁荣昌盛之意；梅兰竹菊素有"四君子"之称，代表着坚忍品质。这些图案装饰运用在主题餐厅中，能够营造出质朴的地域文化氛围。（图4-39）

（2）色彩之美

作为以饮食为基础的餐饮空间，色彩的使用是最具视觉冲击力的应用要素，而不同的色彩会一定程度地影响主题餐厅室内氛围的营造。由于色彩的形成与发展也受到了不同地域和传统习惯的影响，在很大程度上，体现着人们的审美意识和时代文化背景，因此，色彩是地域文化主题餐厅空间氛围营造的一个重要元素。

在地域文化主题餐厅室内氛围营造中，不同的颜色营造的氛围也大相径庭。红墙黄瓦，朱门金钉，金碧辉煌的黄色就可以运用在比较高档的以宫廷文化为主题的餐厅，以红色和黄色为主要基调，主要营造一种比较奢华的空间氛围；而青砖黛瓦，灰色质朴的色彩，可以运用在注重体验民俗风情的、胡同文化的主题餐厅中，大色调以

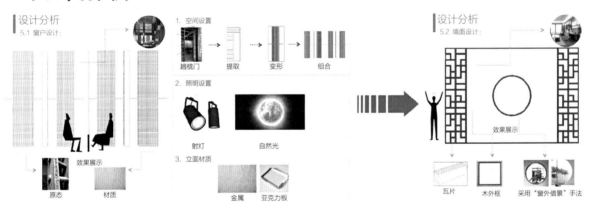

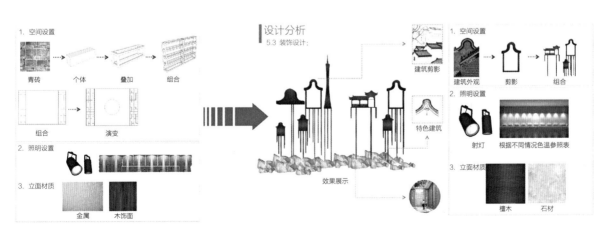

图4-38 建筑构件在餐饮空间中运用解析/李丽华/指导老师 兰和平

青砖灰瓦的灰色系为主，以褐色、红色、绿色等作为点缀，使人们能够具有走进胡同四合院的亲切感，又能迎合现代人追求新颖与变化的心理。（图4-40）

（3）地域材质

材质在空间氛围设计中具有不可替代的作用，一个设计之所以完成，是因为有与之相应的材料作为基础。材料的发展与创新使用是与所处时代、地域的经济发展状况和人们需求、审美意识相关联的。每一个地区都有与其自然环境和人文意识相适应的材料的存在，因此，在地域文化主题餐厅氛围营造中，材质本身所具有的特性、质感、肌理的不同，会给消费者带来视觉和触觉等的不同，进而人们所产生的心理感受也不同，如粗糙的毛石给人一种质朴坚硬之感，细腻的金丝楠木给人精致之感等。通过独具地域特色的材质酌情使用和巧妙构建起来的空间氛围，会与顾客的内心情感达成共鸣。

随着社会的发展和进步，地域文化主题餐厅终归是为现代人服务的，如果一味地复原传统，也终会跟不上时代的步伐，因此，在保留传统地域材质的同时，也要对其进行创新。目前，现代化新型材料有玻璃材质、金属材质、亚克力材质等，可将传统材质与新型材质进行置换拼贴，使其更加符合主流社会的发展及人们的视觉审美要求。在地域文化主题餐厅室内氛围营造中，可以在传统元素的基本形不变的情况下，将其材质进行置换，如保留花罩的基本形式，将木材置换为金属材质，使形变意存，不仅能够渲染主题餐厅的氛围，也迎合了当下的时代潮流。（图4-41）

图4-39 传统装饰图案运用于餐饮空间

图4-40　传统色彩运用于餐饮空间

083

图4-41　传统地域材料运用于餐饮空间

3. 民俗文化

（1）风俗习惯

地域民俗文化，通俗来说就是由百姓创造、共享、传承，并流行于百姓的日常生活中的民俗习惯，具体包括岁时节令、婚丧嫁娶等习俗。"百里不同风，十里不同俗"，不同的地域拥有不同的文化特点，不同的民俗特点在地域文化主题餐厅室内氛围的营造中也有所不同。民俗文化是以百姓生活为主体的一种通俗性文化，民俗文化最大的特点不仅体现在各种岁时节令风俗、婚丧习俗上，而且还渗透到庙会集市、茶馆酒楼等市民百姓的日常生活中。民俗文化融入到主题餐厅中，可以营造一种浓厚的民间文化氛围。（图4-42）

（2）民俗物件

在地域文化主题餐厅氛围营造中，把民俗文化融入其中进行情景模拟，将一些具有代表性的物件，如风筝造型作为空间装饰，也可进行提炼作为点餐牌、靠垫等实用物品；还可设置一处制作风筝、捏面人、剪纸等的"手工作坊"，在人们用餐过后，增加参与体验性；将庙会的场景适度还原，将印有小吊梨汤、豆汁儿的挂布悬挂在空中，增加餐厅热闹的氛围，使现代人们在繁忙的工作之后踏入餐厅，便可感受到淳朴的文化气息，将人的思绪拉到庙会，体验庙会的乐趣。

（三）传统元素概念创意

1. 传统建筑

（1）民居建筑

餐饮空间在室内布局方面，借鉴当地民居建筑中常用的分布形式，将不同单间通过连廊维系在一起，室内被划分为不同的功能空间，体现出室内布局的形式美。室内设计运用民居装饰元素，不能只是单纯地套用或简单地模仿，应当基于建筑的用途与现代人的审美取向，整合分析出与室内空间相适应的民居装饰元素。民居装饰元素融合到现代室内设计，也要参考传统民居装饰构件原理，并在其原有的基础上进行加工

图4-42 民俗文化运用于餐饮空间

改造，使之具有鲜明地域特征的同时，也具有一定的现代主义风格。民居装饰元素与室内设计结合的过程中，应当坚持传承区域文化、艺术与实用相结合的原则，将民居装饰元素隐含的文化内涵提取出来，使之与现代室内环境协调统一。（图4-43）

（2）园林建筑

园林中的建筑通常会采用左右对称的布局，中规中矩，而在走廊、通道、玄关、花园尽头又会造成一种曲折多变、柳暗花明、曲径通幽的感觉，在有限的地域面积中，营造出曲折多变的诗意山水画卷。入园处大多是先抑后扬，庭院、山石逐次分隔，亭台楼榭穿插其中，创造一种意境优雅、气氛恬静的环境特点。园林的精髓在于水，依水而居，临水映波，山径水廊，环境清幽。例如拙政园的西北池水中，有一处见山楼，是园中最高处，四面环水，桥廊可通，登楼即可远眺虎丘，借景于园外。造园家们的立意，采用山水廊榭分割串联的布局，形成以动观为主的丰富层次，园中有园，景内有景，达到了朴素却又别有洞天的意境。造园的关键在叠山，形体多变，造型各异。山水画理论指导假山的布置，使山石的构造如同画境。要求依地势高下创造丘壑，妙在开合变化，取景自然，又常常与理水相结合，水随山转，山因水活，山水相映成趣。叠石为山，衬托水池，或设丘壑溪谷，造成幽深之境。或玲珑，或精致，或朴素，或平淡，或临水而筑，或依墙而叠。叠石种类繁多，有园山、厅山、楼山、阁山、池山等。山水之间，堆山叠石，奇峰罗列，林木掩映，由这一系列流动变化的空间布局，划分出特色不同的景区，又用蜿蜒曲折的长廊和沟通两侧的漏窗将其联系在一起，层层递进，似断实连。在对比中求得统一，在多元中求得完整，展示

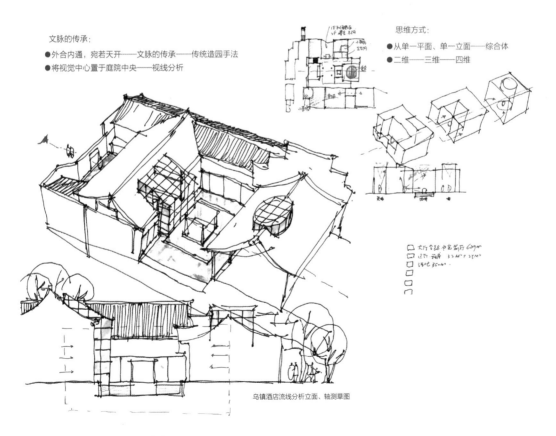

乌镇酒店流线分析立面、轴测草图

图4-43 民居建筑风格餐饮空间设计/赵飞乐

085

了虚实、开合、明暗、曲直、高低、疏密等造园的妙趣所在。而现代餐饮空间中，设计师通常会采用一些基本的造园手法，例如，借景、虚实交替、空间视觉的延伸等。（图4-44）

2. 文字符号

（1）中国汉字

从中国语言的定型到文字的形成，汉字的文化迸发着延绵不绝的历史活力，现如今，也越来越被应用到很多室内空间的平面布局上（图4-45）。汉字的结构在继承了象形因素的基础上，又同时兼具了艺术装饰符号的意义。汉字的书写，不仅是简单地表达字面语言的本意，更重要的是绘画中的语言表达。古人造字的规律体现了汉字构成的基本途径，主要方法为：以人类活动和自然的变化为主要参考对象，"远取诸物，近取诸身"，表现了独特的思维方式。早期的甲骨文也是一种书画艺术，反映了其书写、刻画的特点，现代装饰上则更多的是利用甲骨文的符号特点，表现了一种中式的风格特征

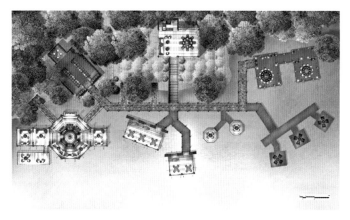

图4-44 园林建筑风格餐饮空间设计/赵飞乐

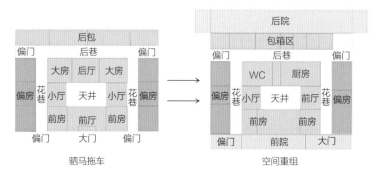
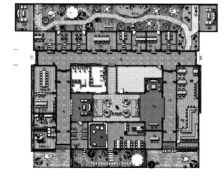

图4-45 传统汉字形态演变餐饮空间

或者历史文化的厚重感。

（2）传统符号

不同的民族、不同的国家都会拥有自己独特的文化，创造属于自己的文字和精神文明，有着自己的哲学观、宗教信仰、生活习惯等，这些因素形成了不同国家地域民族的装饰风格。而各自的装饰风格充分反映了各自的民族文化价值。传统符号形式蕴含着本民族的思维和表达，反映了当时的历史文化和社会背景。作为一种特殊的艺术形式，符号在设计界的应用具有可识别性。在民间，符号常常用来传达劳动人民生活中的婚丧嫁娶、福禄安康等民俗，一般应用在织物器具、建筑构件上，在造型手法和展示内容上更多呈现地方文化特色。通过剪纸、刺绣、年画、春联、砖雕、挑花、瓷器等表现形式将汉字符号的表意特征融入民风民俗情感中，创造出视觉的趣味性，使符号具有浓厚的地域性。（图4-46）

餐饮空间环境是一个整体性的设计，对于表现设计思维、营造空间氛围，符号设计是一种表现方式。这些符号主要体现在室内设计中的造型、色彩、家具、陈设等方面。不同的设计符号语言能产生不同的室内设计风格，有着各自不同的特点。

（3）传统山水画

山水画也是传统文化中浓墨重彩的一笔。在当今的室内空间中，尤其是以中式或者新中式风格为主题的，经常选用山水画做墙壁装饰或者以山水画的意蕴来筑景。山水画以王维、董源、李成等画派比较出名，以水墨起笔，顿挫分明，线条简练，虚实结合，寥寥几笔可以将一山一水一世界的气韵完全表现出来，是传统文化中非常出彩的一部分。（图4-47）

3. 传统色彩

中国传统中一直具有独特的色彩原色观念"五行五色"学说，称为"色不过五，五色之变，不可胜观也"。传统的阴阳五行学说中所谓的"五色"则是指黑、白、红、青、黄，在传统的宗教壁画、民间年画、传统服饰、京剧脸谱、古代建筑中被大量应用。另外在传统装饰中金、银两种色也被大量使用过。中国的传统装饰艺术拥有多种多样的赋

图4-46 餐饮空间设计中传统符号的运用

色体系，形成了中国的特色——中华民族的色彩观，这也为现代装饰艺术提供了多样的平面视觉语言，也是现在餐饮空间可以利用的色调的主题。（图4-48）

（1）表现性

中国传统装饰色彩富有表现性，观察自然中那些独有色彩的呈现方式，是我们灵感的重要来源之一。自然中体现的亮度、明度、纯度有其独有的表现方式，而我们应该注重自然色彩的观察，注重联想和想象。

（2）象征性

在中国几千年的传统文化中，色彩被赋予了不同于普通事物的象征意义和精神内涵。在传统观念里，色彩可以表明一个人的身份和地位，能精确地表达人的思想和信仰。色彩的象征性是指色彩作为某种观念或感受或联想的一种形式，是色彩情感的进一步升华。在不同的环境和条件下，色彩是一种富于象征性的特殊媒介，它能体现出

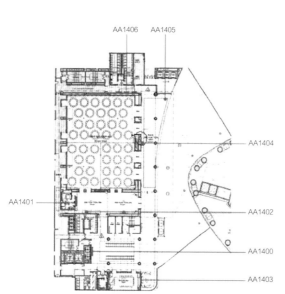

图4-47 餐饮空间设计中传统山水画的运用

图4-48 餐饮空间设计中色彩的运用

情感、文化意味等等。比如在古代社会，只有皇家或者贵族才可以用正黄、正红，那时候黄、红两色象征了尊贵，而在普通人家里很少会大面积出现。而今，我们一想到中国，就会联想到红色，因为在中国的传统文化中，红色代表着喜庆、热闹、祥和，在中国人的脑海中根深蒂固。

（3）装饰性

传统装饰色彩同样也具有装饰性，其色彩大多亮丽、丰富、纯粹、鲜明，以凸显吉祥喜庆的气氛，通过色彩的装饰，能让人产生积极、热烈的心理，激发民族自豪感。同时设计师应该分析现代社会人所拥有的色彩观，考虑色彩与相应的连接人群、所连接的环境等方面的关系，结合中华民族深厚丰富的色彩文化，推陈出新、革故鼎新地处理和运用色彩来表现相关主题性。（图4-49）

4. 历史文化

（1）历史人物

在线案例4-2

历史人物指在历史发展中起过重要影响，在历史长河中留下足迹，并对人类历史进程的发展起到推动作用，具有重要意义的人物。历史人物在当时就具有独特的意义，对后世的影响也很久远。在高科技高速发展的现代社会，历史人物身上所蕴含的历史文化与美好精神等也是有必要随社会的发展而发展的。在中餐厅空间设计中，将传统人物和文化中保留的精华进行创新使之与时代结合，既能够增强我们的民族自信，提高审美趣味，又能够推陈出新展现我国文化不断与社会共同进步的发展状况。（图4-50）

（2）历史事件

重要历史事件是我们无法抹去的时代印记，我们对历史事件的关注程度，体现了我们对待历史的态度。作为设计师，有责任和义务用我们自己的方式来纪念那些曾经给我们带来重大影响的历史事件，给人们提供传承历史文化、聚焦社会集体记忆的空间场所。（图4-51）

图4-49　餐饮空间设计中色彩的装饰性

（四）红色文化概念创意

红色文化是中国共产党领导全国人民在革命、建设和改革进行中创造的先进文化，以马克思主义为核心，继承和发展了中华传统文化，具有先进性、科学性、人民性等特点。

1. 革命主题

红色文化中无论是革命历史人物，还是革命历史事件，都留下许多宝贵精神值得我们学习与深思，成为设计者研究的重点。在设计红色文化主题餐厅的过程中，关键

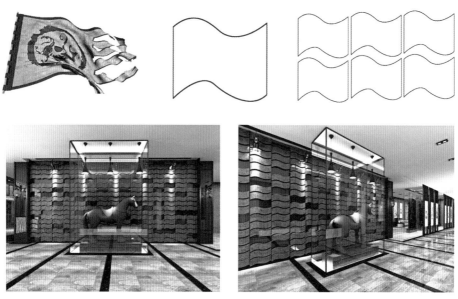

图4-50 冼夫人主题餐厅设计/梁晓霞/指导老师 梅文兵

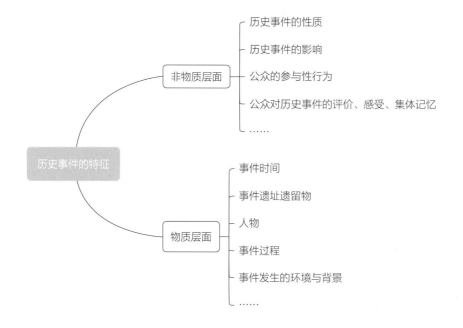

图4-51 历史事件的特征分析

的是要展现出红色文化的深刻思想，在设计的前期准备过程中，应当全面了解中国革命的历史，它们是构建红色主题氛围不可缺少的重要元素。例如：红色文化主题餐厅空间设计中，从元素运用、灯光设计等各方面体现红军不畏困难、坚定信念的长征精神，餐厅各区域的名称也让人联想革命时代；而特色菜品有野菜丸、井冈山竹笋等也让人想起那段艰难岁月，具有忆苦思甜的深刻寓意。（图4-52）

2. 红色元素

红色文化主题餐厅的氛围营造可以通过室内陈设、设计手法来实现，为了营造出与主题文化相符合的氛围，需要考虑空间结构、形态符号、材料肌理与灯光系统等因素。如果设计手段使用得当，设计要素搭配适宜，就能创造出与主题相符合的，既能满足就餐顾客的使用需要又能满足审美情趣的空间氛围。

（1）空间结构

在餐厅使用功能的基础上，满足顾客的情感需求，红色文化主题餐厅的感情基调大致是作为对红色革命文化的纪念怀旧与教育激励，因此在对餐厅进行平面布局设计时，应当通过了解红色文化、把握消费者心理，从人机工程学的角度控制红色文化主题餐厅的整体风格，有效利用划分空间，使餐厅符合就餐者的空间活动尺度，设计出主题餐厅平面布局的最佳方案，使人与餐厅环境和谐统一。餐厅中就餐空间、使用空间以及餐厅的工作空间作为主要的空间设计，也是餐厅风格的基础。红色文化主题餐厅是具有纪念回忆与文化教育意义的就餐空间，将三大主要空间与主题餐厅的文化意义整合，达到满足不同顾客的多种设计效果。

不同的空间带给消费者的体验感受不同（图4-53），方正的空间结构给人一种严肃感，营造出庄重大方的空间氛围；而曲线的空间结构则给人一种轻松跳跃感，可以营造出自然的环境氛围；不规则的形态空间具有个性化，使空间变化丰富，使空间氛围活泼生动。

图4-52 红色主题餐厅

（2）家具与陈设

家具的造型、色彩和材料肌理等艺术形象对餐厅的意境效果与空间环境具有决定性影响。红色文化主题餐厅中家具的选择要适合主题风格，例如木材质的大方桌和长板凳是革命时期的常见家具，许多红色主题餐厅选用了此类形式的家具风格来营造餐厅氛围。红色文化主题餐厅中家具的选择在满足功能的基础上要符合主题审美要求，贴合主题餐厅的氛围，家具布置应充分考虑其功能、审美、主题消费心理，结合人机工程学与环境心理学等有关学科设计出科学的活动路线，可以利用家具围合出实用的用餐区域。根据主题所要营造的红色文化氛围选取具有革命时期特色的代表性家具，还可以将具有特点的家具进行简化保留其特色，使餐厅营造出浓郁的红色气息。（图4-54）

室内陈设是红色文化主题餐厅氛围营造的重要组成部分，室内陈设在体现主题文化氛围的同时还可以表现就餐环境的文化特征，丰富空间的层次感。利用室内陈设合理表现主题设计，将陈设品和整个就餐环境融合起来提高餐厅的独特魅力，进行空间环境的二次创造以突出空间氛围，通过摆放具有红色文化特点的艺术品与装饰品，以渲染红色文化氛围。

（3）色彩与灯光环境

在红色文化主题餐厅中红色成为设计师青睐的主要对象，大量的红色物品营造出浓郁的革命氛围，在我国"红色"自古以来被赋予丰富的含义，成为中华民族的典型色彩的一种。色彩在红色文化主题餐厅设计中可以调节空间环境、体现文化主题、影响顾客心理、调整室内温感与光线，利用色彩的作用设计餐厅可以达到事半功倍的效

图4-53 红色文化主题餐厅空间结构的体验

果。灯饰的风格在整个餐厅设计中是至关重要的，在红色文化主题餐厅空间中灯饰的风格体现出餐厅的红色文化氛围，可以利用灯饰对空间进行结构划分，达到设计者预期的空间效果。灯具风格应根据主题餐厅的风格选择，注重与空间中的物品摆设、色彩搭配等相匹配。（图4-55）

（4）形态符合元素

将红色文化的形态符号特色运用到餐厅设计中，有利于人们快速识别不同的主题设计，明确传达红色文化的主题内涵。形态符号装饰元素既可以作为红色文化特色，也可以作为地域文化的特点，还表达某种革命情感与时代特点。在红色文化主题餐厅中具有中国红色文化特色的典型形态元素有：五星红旗、大茶碗、红领巾等具有时代

图4-54　红色主题餐厅家具与陈设

图4-55　红色主题餐厅的色彩与灯光搭配

感的物品，这些物品成为主题内涵的重要载体，创造出浓郁的红色文化气息。可以将典型的红色形态符号应用到红色文化主题餐厅中进行装饰，如餐厅的门窗、餐厅的陈设品等，传递出鲜明的主题内涵，使主题餐厅的红色文化韵味更加浓郁。红色文化主题餐厅中的元素符号，使用公认的最能代表红色文化的艺术元素，营造出红色文化的氛围，但元素的简单叠加如今已经不符合人们的审美与精神要求，因此红色文化主题餐厅在进行设计时，要避免表面化形式符号简单组合，应在深入了解红色文化含义后，使红色文化贯穿于整个餐厅设计的过程，此外还可以选择主题代表元素来进行重复的装饰强调主题氛围，同时起到增强消费者就餐舒适感的效果。

（5）材料肌理

餐厅的结构与形式都离不开材料。由于质感、色彩、肌理的多样性使材料呈现出不同的艺术效果，结合不同工艺技术手段与表现手法使得材料的效果变得更加丰富多彩，形成不同主题氛围。在进行红色文化主题餐厅设计的时候，可以通过红色氛围的需要来确定材料载体，采用材质质朴的肌理表达出自然、舒适的生活气息和革命情感。朴实的自然美与粗犷感是红色文化主题餐厅主要特点之一，可以选取粗糙的石块、混凝土墙作为空间的材料设计，塑造出适合于餐厅主题内涵的空间。例如：砖是红色革命时期常见的一种材料，其独特的质感与肌理，简单朴素的特点在红色文化主题餐厅中占有重要地位。

在红色文化主题餐厅中（图4-56），入口是具有年代感的木大门，砖块作为墙面背景，结合做旧的大白墙、石灰台阶等材料，革命年代浓浓的生活气息扑面而来。

图4-56 红色餐厅的形态与肌理

5
MODULE

模块五

一

设计深化
与成果表达

◉ 学习目标

1. 了解深化设计方案的基本知识。
2. 掌握餐饮空间设计深化的内容。
3. 了解并掌握餐饮空间设计深化的方式。

◉ 学习要求

1. 让学生熟练掌握餐饮空间的工程图纸设计、效果图制作、版面设计等基本内容和方法。
2. 让学生熟悉材料、灯光、色彩等空间深化设计要素的特征并能灵活运用到方案的设计深化中。

◉ 教学情景

采用任务驱动项目教学，实现理论实践一体化教学，根据设计概念深化设计方案。

◉ 教学步骤

1. 先理论讲解餐饮空间设计深化的方式和具体内容。
2. 然后要求学生按照设计概念要求完成深化设计图纸和设计效果表现图纸。
3. 提交完成的设计成果并进行讲解。

◉ 考核重点

方案深化能力、图纸绘制能力、软件运用能力以及设计表达能力。

一、设计深化

运用文字、草图、概念图、意向图或推导题等设计语言描述餐饮空间的总体规划与概念方案以后，设计师面临的工作是将这些方案中较为粗略的构想和规划付诸实施。从设计深度的角度上讲，这一过程是方案的深化过程。结合餐饮空间所展示出的特点可知，要想使其被赋予的价值得到实现，关键是对其所提出的装饰要求、功能要求加以满足。出于使工程建设拥有坚实基础的考虑，对餐饮空间进行深化设计，不仅是为后期施工提供参考，还包括对设计观念与方法进行调整，赋予空间更加突出的效能。餐饮空间方案的深化过程包括空间设计、材料设计、色彩设计、陈设设计等。

（一）餐饮空间深化设计要点

从理论的层面上来看，深化设计就是在业主或设计师提供出施工项目的条件图与原理图的基础上，结合施工现场的实际情况，对设计方案或图纸中的一些重点环节进行细化处理，对于一些容易出现遗漏以及隐患的环节进行补充与完善。从实际施工的层面上来看，深化设计的目的在于满足业主或设计师在技术方面的需求，在设计的过程中必须要符合施工地区的地域特征，遵守施工相关规范，待审核通过以后，便可直接指导施工。餐饮空间深化设计要点详见图5-1。

1. 目标层分析

目标层即是对设计内容的界定，对其的预控实质上就是对原设计理念的再勾勒，使餐饮空间的细节更符合工程项目本来的立意主旨，也就是对建设单位所需功能及艺术风格的定位。

（1）对设计概念的理解

对餐饮空间的深化设计首先必须抓准吃透原设计思想，在明确的设计方向指导下进行细节部分的表述，从而达到对工程项目未来效果的预先控制，才能够使原设计的设计理念得到更好的表现。要做好深化设计中目标层控制，在深化设计之前必须做好对项目

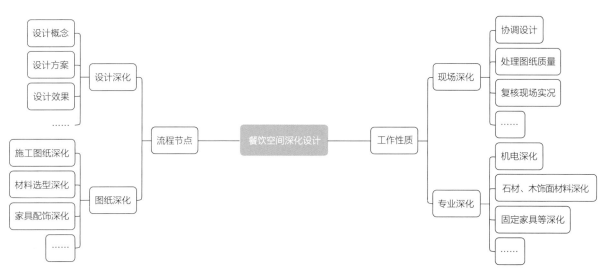

图5-1 餐饮空间深化设计要点

特征的定位工作,使设计方案的理念、风格设定、色彩调度以及材料质感能得到充分表达。(图5-2)

(2)深化设计的核心技术

中国经济的高速发展,繁荣了国内设计舞台,为餐饮空间设计带来了新鲜理念。根据前面对设计理念的理解,其所衍生的大量专业深化设计工作成为把先进设计理念转化为具体可操作性施工工艺设计的重要纽带。装饰深化设计人员在工作开展之初,在对施工内容进行深度消化的基础上,充分同原设计及业主就拟采用的材料、工艺、细部节点处理、综合管线与尺寸控制等进行可行性沟通、调整并最终确认,然后把这些核心内容具体落实到深化设计中。(图5-3)

(3)对施工的控制

要做好目标层的施工准备,最重要的一点就是要根据深化设计做好施工质量预先控制的要点与解决方

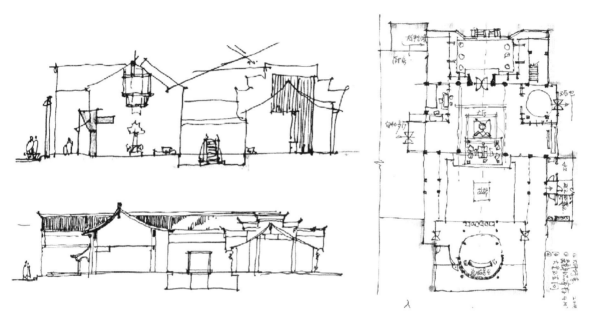

图5-2 中餐厅运用传统民居概念的深化设计/赵飞乐

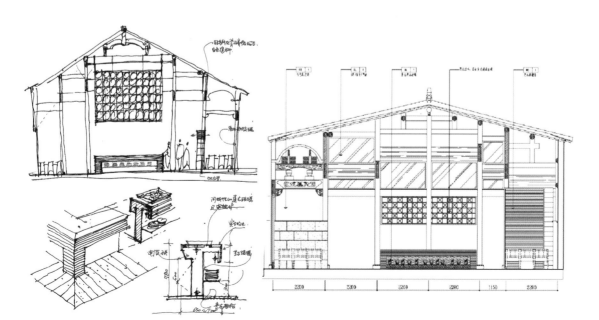

图5-3 中餐厅细节及核心技术深化设计/赵飞乐

案，同时深化设计工作要做好对施工准备、前期、中期、收尾等各节点阶段的预先指导性工作，如对各类材料的拼接，特别是阴阳角的处理，要求施工方须进行工厂化加工，深化设计人员对此要做出具体指导，并且使相关工艺在不同阶段起到合理配合的预先控制效果。

2. 约束层分析

约束层控制涵盖了资金、资源、工艺对整个施工内容和操作工艺的重要影响，是深化设计人员的责任心、职业素养和能力、设计经验的综合体现，是关系到整个工程项目顺利展开和造价控制的最重要的环节。

（1）资金控制

深化设计决定了施工工艺最终实施的内容，对用材的选定、对施工工艺先后搭界的预先判断和具体流程都起到了重要的指导作用。有了深化设计对这些内容的要求，才能进一步对工程造价进行可控性的操作，同时同样的内容通过不同的深化设计也会产生不同的工艺效果和经济参数。如有一装饰工程，原设计对整体坡度餐厅的地面装饰材料采用建筑结构完成后再进行地材装饰结构的二次安装，后通过深化设计的改进提议，在施工工艺上提出了在建筑结构施工同时预留埋件的合理化处理方案，最终在充分保证原设计效果的同时，大大降低施工节点的工艺强度和施工成本，减少原设计工艺中对建筑结构的二次破坏，缩短施工时间，实现工艺性和经济性的统一。

（2）工艺控制

深化设计是现场施工中与实际操作联系最密切的设计步骤。产品如何制作、现场材料的如何裁切排版、施工工序的设定对现场施工的控制都起到了重要的影响。随着定制化和装配式工艺的日渐成熟，餐饮空间中大量采用了成品化制作、现场安装的施工工艺，室内的所有门套、门扇、踢脚线、软包等，在设计时都采用了定制化成品以减少工期，设计师应该在控制和追求完美装饰效果的同时，与项目组、制造厂的技术人员共同研究、推敲、论证产品加工制作工艺和现场安装技术手段，最终确定行之有效的技术方案。

3. 基础层分析

基础层控制包含了技术标准和法规的管理，深化设计工作的另一工作主题是纠正、完善或整合装饰深化施工图的出图标准，使其符合我国现行的设计规范、标准和相关法律法规文件；在做精做细设计的同时保证项目各项标准，符合国家各项规范、法规。由于中国地域广袤，不同地区或民族都有独特的餐饮习惯和文化，餐饮空间设计所要表达的设计理念必须通过本土深化以与当地的饮食文化和民族习俗相匹配。

在这点上，设计师必须充分了解不同地域设计标准和法规的差异，通过自身的丰富经验把不同点乃至冲突点加以整合，在差异中寻找合理合法的途径去解决实际施工中的材料标准、工艺标准、技术参数等基础层面的控制问题，在尊重当地特色和民族文化的基础上，提升餐饮空间整体效果。

（二）餐饮空间的材料设计

餐饮空间的装饰材料定义是什么？从广义上讲，是指能构成餐饮空间内部的各种要素部件的各种材料。由于内部空间主要由地面、墙面、天棚三大界面所构成，所以，狭义上的装饰材料是指所依附在这三大空间界面的各种材料。

在线案例5-1

1. 餐饮空间材料的特征

（1）材料的功能性

在餐饮空间环境材料的设计中，材料所具有的功能性往往是由其材料的各种元素结构和物理性决定的。由于各种材料的化学和物理元素构成不同，其使用的功能和范围不同，如壁纸类不能用于厨房，木质地板不适合卫生间。因此在材料设计时，一定要考虑到各种材料的防水、防滑、隔热、阻热、阻燃、吸音等不同的使用功能。

（2）材料的视觉特性

装饰材料的形状、大小、表面的肌理效果等都能通过人的视觉神经传递到大脑，使之作为感情和心理上的反馈，这就是材料的视觉特性。如粗糙的毛石、天然的竹木会给人一种原始的古朴自然效果，而在空间不大的卫生间地面铺设小形状的地面材料，也能造成扩展空间的视觉效果。

（3）材料的物理特性

在材料设计中，有时针对局部设计缺陷或不足，相应地采用某类材料予以弥补，这其中更重要的依据，就是此类材料的物理性能。因此对材料的光学特性、声学特性和热工特性等三大物理特性的了解以及对材料的隔热、隔音、反射、透光等物理指标的掌握，是材料设计中十分重要的环节。（表5-1）

表5-1　餐饮空间常用材料及性能一览表

类别	材料名称	特征与功能
金属类	不锈钢	不锈钢是含有铬等元素，在空气中或化学腐蚀的介质中能够抵抗腐蚀的一种高合金钢。不锈钢具有光滑的质地，耐腐蚀性好，方便安装，装饰性好，通常不必经过镀色等表面处理。在餐饮空间，不锈钢通常用作墙面背景造型、门窗套、饰面收口或装饰件等
	铝合金	铝合金具有轻度高、密度小的特点，有较高的强度，是典型的轻质高强度材料。铝合金的耐腐蚀性强，低温性能好，易着色，有较好的装饰性。在餐饮空间，铝合金通常作为门窗、隔断、天花吊顶材料，或加工成铝合金冲孔板、花板等作为墙面装饰材料
	其他金属类	其他金属类材料主要包括铁制品、铜制品或合金制品等。金属材料在餐饮空间大面积广泛使用的可能性不大，在一些需要强化效果的区域点缀性运用较多
玻璃类	平板玻璃	平板玻璃是建筑玻璃中用量最大的一种，习惯上将磨砂玻璃、磨光玻璃、有色玻璃等均列为平板玻璃。平板玻璃表面平滑、无波纹，透视性能好，透光率强。用在窗户、墙面装饰等区域
	安全玻璃	安全玻璃具有机械强度高、抗冲击力强的特点，其主要品种包括钢化玻璃、夹层玻璃、夹丝玻璃及钛化玻璃等。在餐饮空间，安全玻璃可运用于门窗、隔断、幕墙及屋顶天窗等区域
	特殊玻璃	特殊玻璃主要包括隔音玻璃、增透玻璃、液晶玻璃、调光玻璃、节能玻璃等。对于相对热闹的舞厅空间而言，隔音玻璃和调光玻璃的运用都比较广泛
木材类	饰面板	饰面板是由木段旋切成单板再由胶黏剂胶合而成的三层或多层板，具有板面幅度大、易于加工、抗拉强度和抗剪强度相对均匀、适应性强等特征，同时板面平整，吸湿变形小，不易开裂、翘曲。饰面板广泛运用于餐饮空间的墙面、天花和家具等木饰面部位
	实木地板	实木地板是天然木材经烘干、加工后形成的地面装饰材料，呈现出天然原木纹理和色彩图案，给人以自然、柔和的质感，具有自重轻、弹性好、热导率低、构造简单等特点，广泛运用于舞台、包厢等的地面
	实木板	实木板花纹明显、耐磨、耐腐蚀、切面光滑、加工性能良好、油漆性上色性好。主要运用于家具、护栏和结构隔断等
涂料类	墙面涂料	内墙涂料通常用于天花和墙面，它的功能是保护和装饰内墙及顶棚，使其达到良好的装饰效果。内墙涂料具有颜色丰富、质地平滑、细腻、色调柔和等特点。在餐饮空间，内墙涂料分为一般区域使用的合成树脂乳液涂料，包厢、卡座等区域使用的多彩花纹内墙涂料和舞厅区域使用的幻彩立体涂料等
	地面涂料	地面涂料的主要功能就是装饰和保护地面，地面涂料一般应具备耐水性好、耐磨性好、耐冲击性好、硬度高、黏结强度高、施工方便、复涂性好等特征。因其档次不高，在餐饮空间的营业区域使用不多，地面涂料主要用在地下停车场等区域
	特殊涂料	特殊涂料包括防锈漆、防火涂料、防霉涂料、发光涂料和真石漆等，其中发光涂料由成膜物质、填料、荧光颜料等成分组成，受到光线照射后释放能量，发出绚丽光芒，在舞厅、歌舞包厢运用较为广泛

续表

类别	材料名称	特征与功能
织物类	纤维皮革	纤维皮革能使空间更加柔和、丰富、温馨，同时也能改善室内隔音、保温、遮光、环保等实际功能。特别是在动吧区、歌舞厅和KTV包房等音效较强的区域，能起到吸音减噪的作用
	壁纸墙布	壁纸已经从单一的壁纸发展到现在的金属壁纸、复合壁纸、塑料壁纸等多个品种，具有透气好、耐老化、图案丰富、装饰性强等特征。墙布的种类也有玻璃纤维、无纺墙布、棉纺化纤、丝绒锦缎墙布等，具有色泽鲜艳、质地柔软、品位高雅等特征。壁纸墙布可运用于大厅、包厢等档次较高、水气较少的区域
	软包硬包	软包硬包具有吸音、隔音、防潮、防撞等特征，但防火性能差
	地毯	地毯具有质地柔软，富有弹性，具有耐磨、隔热、保温、吸尘、吸音减噪的作用，运用在KTV包厢、贵宾卡座、舞厅散座区
陶瓷类	陶瓷砖	陶瓷砖的色彩较稳定，经久不变，且吸水率较低，因此常被用作潮湿的室内外墙面的装饰，如卫生间等
	玻化砖	玻化砖具有高光度、高硬度、高耐磨、吸水率低、色差小以及规格多样化和色彩丰富等特点。这种面砖装饰在墙面或地面上有显著的隔音、隔热功能，且比天然石材轻，是新一代的天然石材替代产品
	马赛克	马赛克是以优质瓷土烧制的片状小瓷砖，质地坚硬，经久耐用，色泽多样，耐酸、耐碱、耐火、抗磨、抗渗水、抗压力强、吸水率小，在-20℃温度下无开裂现象
石材类	大理石	大理石的硬度高，抗压强度大，耐碱、耐腐蚀，表面易加工，石材纹理鲜艳、明了，经抛光打磨后可以出现各种天然图案，装饰性强，大理石抗风化性能差，不宜用于室外装修，质地较软，耐磨性差，大面积放在地面容易磨花，强度不及花岗岩，在磨损率、碰撞率较高的部位慎用
	花岗岩	花岗岩其主要矿物成分为石英、长石及少量暗色矿物和云母。花岗岩的硬度高，抗压强度大，耐磨性能好，耐久性高，抗冻、耐酸、耐腐蚀，不易风化，表面易加工，可做成各种剁斧板、机刨板、粗磨板、火烧板、磨光板等，色彩稳重大方，使用年限久远
	人造石	人造石质量轻、强度大、色泽鲜艳、花色繁多、耐腐蚀、耐污染。天然石材或耐酸或耐碱，而聚酯型人造石材，既耐酸又耐碱，同时对各种污染具有较强的耐污力

2. 餐饮空间材料的美感

形成餐饮空间的环境气氛和情调，很大程度上取决于材料本身的色彩、图案、样式、材质和肌理纹样，这些因素很多都是在自然生长和生产过程中形成的，关键在于设计中的选用。如木质材料的天然色彩和自然纹理会给人亲切自然和温暖感；玻璃材质给人以晶莹剔透、光芒四射之感；色彩淡雅、图案柔和的面材会显得高雅；不锈钢和钛金这样的金属材料令人有现代豪华的感觉，这些都是材料的美感作用。（表5-2）

表5-2　主要装饰材料的图片样式和设计美感

金属类	玫瑰金不锈钢、金箔……
图片样式	
设计美感	现代豪华、镜面效果、空间富丽堂皇
玻璃类	调光玻璃、光栅玻璃
图片样式	
设计美感	晶莹剔透、光芒四射、现代技术

续表

木材类	实木板、实木地板……
图片样式	 
设计美感	天然色彩、自然纹理、亲切温暖
涂料类	多彩涂料、乳胶漆……
图片样式	 
设计美感	色彩鲜艳、肌理突出、花纹繁多
织物类	地毯、硬包……
图片样式	 
设计美感	质地柔和、色彩温暖、空间温馨
陶瓷类	瓷砖
图片样式	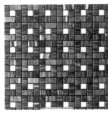 
设计美感	规格多样、种类繁多、空间光洁
石材类	花岗岩、大理石……
图片样式	 
设计美感	色彩光泽、豪华高档、色彩丰富

3. 材料的感觉效应

由各种装饰材料构成的餐饮空间，作为一个具体存在的环境，是供人们就餐和休闲的场所，人们有意或无意中身体各部分的感觉器官都会与装饰材料进行接触，产生触觉、视觉、嗅觉等。不同材料的接触都会引起人们生理和心理上的不同反应，这就是材料的感觉效应。

（1）材质感

当我们接触到某种材料时，会给我们造成不同的视觉和触觉印象，这就是材料的材质感，例如大理石给人一种硬、冷和光滑的触觉印象。从材料的弹力性上可以划分为硬和柔软，从光滑度上可以划分为光滑和粗糙，从光泽度上可以划分为亚光和亮光，在导热性上可以划分为温暖和寒冷，在吸湿性上可以分为干燥和潮湿等性能，这为餐饮空间材料的材质感提供了设计依据。例如，采用原木和灰色金属，按照一定的序列进行组合，可以形成都市禅意的空间感。（图5-4）

（2）材料的软与硬

餐饮空间的这种材质感犹如色彩给人的感情和意识一样，同样能给人以某种感情和意识。当我们看到各类纺织品、地毯等都会有一种柔软、舒适的感觉，因此会联想到温暖怡情。而在看到混凝土、金属等材料时，也会有一种坚硬、锐利、冷静感。在设计中利用材料的硬与软的感觉这一特性，有利于达到设计的预期效果。以柔软、温软的材料构成的娱乐空间会给人亲切和安静的感觉。如采用纺织品布料做成天棚、地面铺设地毯、墙面贴壁纸并配上装饰窗帘，就可以形成柔和温馨的娱乐环境。在餐饮空间的公共就餐、大堂等区域可以采用一些冷硬的材料以构建稳固、冷艳的空间。而在餐饮空间包房、接待区尽可能采用软性材料装饰，使人感到亲切温和，心情放松。

（3）材料的轻与重

材料的轻与重也是我们视觉引起的一种心理反应，并非指材料本身的物理上的轻重。这种轻重感往往与材料本身的色彩深浅、表面光滑平整与粗糙、光透视感的强弱等因素有关。材料表面明度高的使人感到轻，反之感到重；表面光滑平整、光泽强的使人感到轻，而那些表面凹凸粗糙、光透感弱的则令人感到重。如在餐饮空间的大堂吧、舞厅等大空间区域，由于原建筑结构关系，空间内会有一些独立的柱子，使人有一种闭塞的感觉。如采用一些玻璃镜面或不锈钢等光泽度较高的材质来装饰，会在视觉上减少独立柱的体量感，造成轻松、明亮的华丽感觉。因此从表面材料的轻重感出发来进行餐饮

图5-4 餐饮空间材料的感觉效应

空间材料的选择设计就会造成不同的环境感受。按地面、墙面、顶面的顺序来逐个设计由重到轻的材料，就可以构成轻盈而稳定的环境效果，反之，就形成一个厚重的、具有压迫感的娱乐空间环境。（图5-5）

4．餐饮空间装饰材料的选择

（1）天花材料的选择

天花不是人们直接接触的部位，也不是人们的视觉注意中心，但是长期处于人的头顶位置，是人们心理意识存在的地方，不同材质天花的材料设计，也会造成人们精神上的不同感受。如用纺织物作天花材料时，有温柔、轻盈之感；用木板类材料时，有自然、质朴、庄重的效果；用透明的玻璃材料作天花时，会使人置身室外，将自己融合于自然之中，令人亲切自然、精神爽朗。反之，天花用厚重的材料，如金属扣板等，会有一种庄重和压迫感。所以在天花的材料设计时，应特别考虑到材料对人的心理所产生的影响。另外，由于天花不是人们经常接触的部位，在其使用功能上，应尽量选择不易受污染和尘埃附着的材料，以便清扫。（图5-6）

（2）地面材料的选择

地面是人们直接接触的一个部位，所以在设计中特别要考虑到地面对人的感觉。舒适性、安全性是考虑的重点。地面材料对人的感觉是人的肌肤对其材料的物理性作出的反应，当脚触及地毯时，由于地毯的弹力

图5-5 中餐厅不同材料运用的轻重感

图5-6 运用实木格栅加玻璃营造自然通透感

性和温暖度使人感觉到柔软和温暖，而脚踩花岗岩地面时却使人有一种安全、厚重的感觉。另外，在某些地方设计表面材料时，除了其舒适性外，还应考虑到安全性，以防止滑倒摔伤。（图5-7）

（3）立面材料的选择

立面是室内环境的四壁，是人们视觉和触觉所及面积最大的部位。立面装饰材料的设计往往是决定人们视觉感受的一个重要条件。其材料的柔软度、表面的粗糙与平滑、色彩的深浅、图案的大小、纹理以及与家具设施的配合均构成室内视觉的中心，形成一种氛围印象。所以，墙壁立面装饰材料的设计，应充分考虑人们视觉的舒适性。另外，在其功能上较易受到损伤的部位，还应考虑到材料的耐久和保养。（图5-8）

图5-7 不同材质运用地面的效果对比

图5-8 中式餐饮空间墙面材料效果

（4）隔断材料的选择

除正常的建筑材料外，用于公共空间的隔断材料品种繁多，类型多样。根据其隔断形式可以分为永久性隔断、临时性隔断和可移动式隔断三种。永久性隔断一般为耐磨损、抗老化材料，包括砖混、空心砖、铝合金、石膏板等。这些材料由于体重轻、密度大，被广泛采用，一般用于比较封闭的空间，兼顾防火、防水和隔音要求。临时性隔断一般用轻质材料，如铝合金龙骨、石膏板、木夹板等，围合而不封闭的空间还可以用木、竹、纺织物等饰材。可移动的隔断可专门制作或利用屏风、框架等物件，也可充分利用各种装饰材料对不同空间、不同功能的室内空间进行设计。可移动隔断在造型上不受限制，可根据功能的需要进行设计，利用灯饰、绿化、水体、植物纤维等都可以制造出别具特色的虚拟隔断。（图5-9）

图5-9 中式餐饮空间隔断材料效果

（三）餐饮空间的色彩设计

1. 色彩的心理感受与运用

营造餐饮空间氛围的手段很多，色彩是最直观和最具有心理影响力的要素，不同的色彩给人的心理感受不同，把握好色彩的运用可以很好地塑造理想的空间。（表5-3）

表5-3　餐饮空间典型色彩的联想情感

色彩	发散联想	情感表达
红	火焰、红旗、辣椒、鲜血、太阳	热情、积极、温暖、鲜艳、诱惑、色情
橙	秋叶、橙汁、柿子	和谐、健康、欢喜、快活、温情
黄	沙滩、稻穗、黄金、灯光、香蕉	明快、朝气、快乐、轻薄、刺激
绿	森林、草地、蔬菜、树木、庄稼	自然、健康、新鲜、凉爽、清新、安全
蓝	天空、海洋、群山、植物	沉静、平和、科技、理智、冷淡、消极
紫	葡萄、鲜花	富贵、优雅、细腻、不安定、性感
黑	深夜、头发、墨汁、山水画	沉重、悲哀、恐怖、抑郁
白	白云、白雪、天鹅、白纸	纯洁、清白、纯净、明快、和谐
灰	阴天、雾霾、水泥	平凡、中庸、失意、谦和

（1）色彩的冷暖感

色彩的冷暖主要起源于人们对自然界某些事物的联想。红、橙、黄和与之相近的色彩能使人联想到激情与火热，蓝、绿、青等色彩能使人联想到冷艳与清凉的感觉。在餐饮空间中，可以运用色彩的冷暖感来设定空间气氛。如餐饮包间、就餐区都可以运用大量的暖色调的色彩来烘托其热烈气氛。（图5-10）

（2）色彩的距离感

不同的色彩可以使人产生进退、远近、凹凸的感觉。根据人对色彩的感受，可以将色彩分为前进色和后退色。一般情况下，暖色系和明度高的色彩都具有前进、凸出或拉近距离的感觉，冷色系和明度低的色彩给人后退、凹进或远离的感觉。在餐饮空间设计中，对于层高较低的就餐包房等区域，顶棚造型不宜太烦琐，宜采用浅色且明度较高的色彩来提升顶棚视觉高度空间，对层高较高的大厅或前台接待区，可采用深色且明度低的色彩来减弱空旷感，降低视觉高度；而在餐饮空间的背景墙或展示物上可采用色彩鲜艳和对比强烈的色彩进行设计，以起到强调重点、突出主题的作用，提高视觉冲击力。（图5-11）

（3）色彩的分量感

色彩明度的高低直接影响到色彩的分量感，一般情况下，明度高的色彩显得轻，具有轻快和轻松的感觉，如白色、浅蓝色、粉红色等；明度低的色彩显得重，具有稳重感和沉淀感。在餐饮空间设计中，应注意色彩轻重的搭配，把握上轻下重的原则，使人在视觉上有平衡感。

图5-10 餐饮空间色彩的冷暖对比

图5-11 餐厅背景墙的色彩对比提升空间距离感

（4）色彩的尺度感

暖色和明度高的色彩，具有扩散、膨胀的作用，使人感觉物体显得大；而冷色和明度低的色彩有收缩和内聚作用，会使人感觉物体显得小。在餐饮空间设计中，空间相对较小的房间，界面装修宜采用明度较高的浅色材料，使室内空间呈现开阔感觉，空间较大的大厅、大堂吧等区域，界面装修宜采用明度较低的深色材料，使室内空间呈现尺度宜人感觉。（图5-12）

（5）色彩的华丽和朴素感

从色相上看，暖色给人感觉华丽，冷色给人感觉朴素；从明度上讲，明度高的色彩给人感觉华丽，明度低的色彩给人感觉朴素；从纯度上讲，高纯度的色彩给人感觉华丽，低纯度的色彩给人感觉朴素。色彩的华丽与朴素是相对而言的，在餐饮空间设计中要灵活运用，例如在接待前台区、大堂吧区应选择华丽的色彩给人一种精神享受，而在等候区应选择相对朴素的色彩给人一种回归自然的亲切感。

2. 餐饮空间色彩设计的基本原则

色彩是餐饮空间设计中的重要环节，餐饮空间色彩设计应遵循如下基本原则。

（1）运用色彩来营造空间效果

不同的色彩给人的视觉感受不同，不同大小、形态的空间可以通过色彩来进一步强调或削弱。充分利用色彩的调节作用，能重新塑造空间，弥补空间的缺陷，改善空间环境。（图5-13）

图5-12 餐饮空间走道与大厅区色彩尺度感

图5-13 运用色彩营造空间效果

（2）运用色彩来满足空间功能

餐饮空间是由不同的区域组成，各个区域的功能不同，其色彩的要求也不相同。例如在接待前厅或大堂区域，应营造出一种时尚、稳重的感觉，能体现出企业的文化内涵，突出空间的主题思想和激发人们消费的欲望；在等候区或静吧区，要使人的心情能得到放松，给人一种相对质朴的感觉；在餐饮包房区，应采用一种积极的色彩进行装饰，以营造一种热烈、欢快的气氛。（图5-14）

（3）色彩的配置应符合人的审美需求

餐饮空间设计中，色彩运用的种类较为繁多，一定要使得色彩的运用能符合人的心理、生理审美需求，才能给人以美的享受。在进行色彩设计时，要处理好色彩的对比与协调、统一与变化、节奏与连续的关系，处理好不同材质同一色系的关系，处理好背景色、主体色和点缀色的相互关系。（图5-15）

（四）餐饮空间的照明设计

光是环境中最为活跃的装饰元素，影响着物体的视觉体量大小、形状、质感和色感，影响着整个空间的

图5-14 餐饮空间色彩满足空间功能

图5-15 餐饮空间色彩满足空间审美需求

艺术效果。光不仅影响空间使用功能，还可以辅助空间的界定、引导和营造室内环境特性，同时还可以强化空间的视觉焦点，使得空间更有层次感和主次关系。在室内照明设计中，可分为自然照明和人工照明两类。

1. 照明灯具的类型与运用

照明灯具不仅具有照明的功能，而且集艺术形式、物理性能及使用功能于一身。灯具的类型很多，根据灯具的安装方式分类，可以分为天棚灯具、壁灯、台灯、落地灯等类型，如图5-16。

（1）天棚灯具

①吊灯，是以吊杆、装饰链等链接物将光源固定于顶棚上的悬挂式照明灯具。吊灯由于悬挂于室内上空，其照明范围较广，在一般情况下，主要用于室内一般照明，也叫整体照明。由于吊灯一般多安装于中心位置，并悬吊于空中，比较显眼醒目，有重点装饰的作用，选择不同的造型风格、大小、色泽、质地的吊灯，会影响整个空间环境的艺术效果，体现不同的装修档次。在餐饮空间中，接待大堂、前厅以及大空间的动吧、静吧都可以使用装饰性吊灯，但前提是空间的层高应较高。

②吸顶灯，是直接吸附、固定在天棚上的灯具。吸顶灯的特点与吊灯相似，只是在空间上有所区别。吊灯用于层高较高的空间，吸顶灯用于层高较低的空间。

③嵌入式灯具，是直接嵌入到顶棚内，灯口与天花板基本持平的灯具。筒灯、内藏式射灯、格栅灯都是嵌入式灯具的种类。筒灯一般用于点光源照明形式区域，例如在餐饮空间中，包房区域、接待台区、大厅卡座或散座区域，都需要点光源的重点照明；内藏式射灯一般安装于天花或柜体内，例如餐饮空间中的水吧台的酒柜、接待厅的背景墙以及需要显示LOGO标识等的区域，都需要射灯的照明；格栅灯多用于照明度较高的一般照明区域。

④发光天棚，是指内部均匀设置日光灯管、LED灯带，外部设置发光膜、光学格栅、玻璃灯片的照明造型天棚。发光天棚具有发光面积大、照度均匀、能使得空间豁亮的特征，一般用在餐饮空间的包房区、等候区、走道的聚散区等。发光天棚的构造形式也可以用在墙面或地面。

⑤暗藏灯槽，通常利用建筑的结构或室内装修结构对光源进行遮挡，使光投向上方或侧方。其照明一般不能作为主照明使用，多作为装饰或辅助光源，可以增加空间的层次感。在走道或空间较大的区域，也可以起到空间界定或引导指示作用。

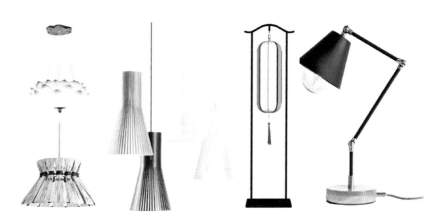

图5-16 中式餐饮空间灯具示意图

（2）墙面壁灯

安装于柱面或墙面上的灯具叫壁灯。壁灯分附墙式或悬挑式两种。壁灯除了具有照明的功能外，还可以创造理想的艺术效果：一是通过自身造型产生一定的装饰作用；二是通过和其他照明灯具的配合使用，丰富室内光照效果，增加空间层次感。

（3）台灯或落地灯

以某种支撑物来支持光源，放在茶几、台桌等台面的灯具叫台灯，放在地面的灯具叫落地灯。台灯、落地灯既有功能性照明的作用，也有装饰性和气氛性照明的作用。

2. 照明的形式与方式（表5-4）

（1）按灯具形式分类

按灯具形式，照明方式可以分为直接照明、间接照明、半直接照明、半间接照明、漫射照明。（图5-17）

①直接照明，指光线通过灯具射出，其中90%以上的光通量到达假定工作面上的照明形式。这种照明形式因为光绝大部分作用于作业面上，因此光的利用效率特别高，有引起人注意的作用。直接照明在视觉范围内容易造成强烈的明暗对比，也容易使人产生疲劳感，而且有眩光产生，在短时间内使用可以使得人产生兴奋的感觉。例如餐饮空间中的舞台频闪灯光。

②间接照明，是通过反射光进行照明，只有不到10%的光直接照到假定工作面上，90%以上的光通过天棚或墙面反射到工作面的照明方式。间接照明方式光线柔和，不容易产生眩光，但光能消耗大，照度低，通常与其他照明方式配合使用，达到理想的艺术效果。

③半直接照明，指用半透明的材料或不透光但有镂空的材质制作灯具外罩，使得60%左右的光线向下直接照射到假定工作面上，剩余的光通量通过反射或折射的方式照射到工作面上的照明方式。由于半直接照明在满足工作照度的同时，也能作用于顶部等非工作面，从而使得室内空间亮度既有强弱之别，又有整体柔和的特点，并能扩大空间感。

④半间接照明，是用半透明的材料或不透光但有镂空透光的材料制作灯具外罩，使得10%~40%的光线向下直接照射到假定工作面上，剩余的光通量通过折射或反射的方式照射到工作面上的照明方式。这种照明方式没有强烈的明暗对比，光线稳定柔和，能产生较高的空间感。

⑤漫射照明，指光照通过具有减弱眩光的光学材料（如磨砂玻璃、亚克力灯片、铝光栅等）向四周扩散漫射，灯具各方向的光强度近乎一致的照明方式。这种照明方式光线柔和，没有眩光。

（2）按灯具的布置形式分类

根据灯具的布置形式和功能用途，其照明方式可分为整体照明、局部照明、装饰照明、安全应急照明等。（图5-18）

①整体照明，指不考虑空间或部位的需要，为照亮整个场地而设置的照明方式，也叫普通照明。整体照明的特点是光线均匀，空间明亮，但不突出重点。

直接照明
上透光线0~10%
下透光线100%~90%

半直接照明
上透光线10%~40%
下透光线90%~60%

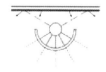
漫反射照明
上透光线40%~60%
下透光线60%~40%

半间接照明
上透光线60%~90%
下透光线40%~10%

间接照明
上透光线90%~100%
下透光线10%~0

图5-17 灯具照明形式

②局部照明，指不特别考虑整体环境照明，只为满足某些空间区域或目标的特殊需求而设置的照明方式。

③装饰照明，是指为了增强空间的变化和层次感或用来营造特殊氛围的照明方式。

④安全应急照明，应急照明指在正常照明因故熄灭的情况下，能被启用并及时用以继续维持工作的照明方式；安全照明是指在正常和紧急情况下都能提供照明设备和灯具的照明，如"安全通道""安全出口"的指示照明系统。

表5-4 餐饮空间照明的形式

照明形式	整体照明	局部照明	装饰照明	安全应急照明
功能	为照亮整个场地而设置的照明方式	只为满足某些空间区域或目标特殊需求的照明方式	为了增强空间的变化和层次感，营造氛围的照明方式	紧急情况下提供安全照明方式
照明方式	日光灯间接照明 投射灯直接照明	投射灯直接照明 内藏式直接照明	内藏式间接照明 彩灯直接照明	安全指示灯引导 应急灯直接照明
灯具及处理方式	日光灯、白炽灯、嵌入式灯、吊灯	嵌入式灯、暗藏灯带	嵌入式灯、暗藏灯带、壁灯、落地灯	应急灯、安全指示灯

3. 餐饮空间照明设计的基本方法

（1）增强餐饮空间亲和力

餐饮空间的主题、功能分区以及餐饮风味，需要光环境的表现去烘托，反之，人们可以根据餐饮空间需求进行光环境设计，把光环境特征与餐饮空间中硬装、软装、材料等方面相结合，发挥其作用效果，有助于人们积极感受到光环境的作用。

①增强就餐情感：在餐饮空间中，部分经营者误以为光的亮度越高，显色性就越好，但其实光的显色性与亮度无关。照明灯光光源的不同决定了其显色性的差异。晴天在室外空间观察时，物体自身颜色还原得比

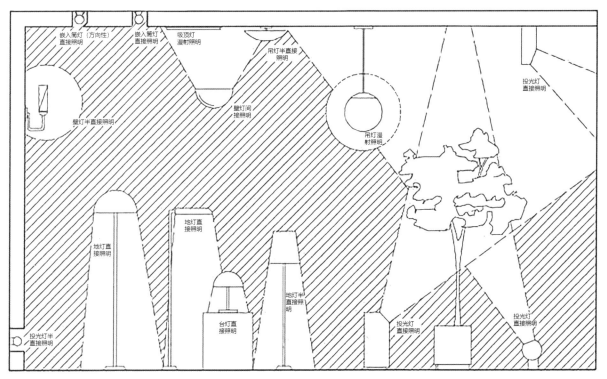

图5-18 各种灯具的空间照明形式

111

较准确，而同一个物体在室内空间时会有色差，其原因是光的显色性发生了变化，所以餐饮空间的照明系统，第一要素就是要合理运用光的显色性。在餐饮空间布置灯光时，通过提高光的显色性，有效提高菜系色彩的还原真实程度，在照度、亮度等其他方面因素同等条件下，当光的显色性达到标准时，能够很好地还原食材自身的颜色、质感，引导就餐者的视觉体验，增强就餐情感和欲望。

因此，根据不同餐饮空间的经营方向、功能区域去配置不同参数显色性的光环境系统，有助于提高人在餐饮空间中对食材、菜式、环境的视觉享受，再通过人的视觉，间接影响到嗅觉、味觉的综合感官效果，进而产生生理、心理的作用效应，使人在就餐时能通过显色性升华就餐情感，促进就餐食欲。（图5-19）

②营造就餐氛围：国际照明委员会（CIE）把光色分为三大类。第一类是暖色系，适用于居住类场所，如住宅空间、餐饮空间，以及特殊作业或者寒冷气候条件；第二类是中间色调，在办公空间运用最为广泛；第三类是冷色调，主要运用于高照度场所、特殊作业和温暖气候条件下。

从以上分类可得出光与色温以及情感的相关性。从显性的角度探讨研究，通过营造不同的氛围引导人们情绪反应，暖色系色温一般运用于住宅和餐饮行业，比较吻合人们生活上的情感需求。中餐厅空间整体光环境宜采用暖色系色温，营造温馨氛围，让就餐者通过色温结合空间效果，达到就餐时内心平静。快餐空间为了营造一个快速消费环境，使用的光环境都是中间色调的色温，其目的就是和工作空间一样提供一个快速流转的氛围，加快人们的就餐速度，提高翻台率，从而获取投资回报率。在一些川菜系、湘菜系、火锅菜系的高档餐饮空间中，由于这类餐饮空间一般菜系口味比较

图5-19 餐饮空间的照明增加就餐情感

重，口感麻辣，装修风格偏暖色调，所以会用中间色调或者冷色调照明，通过色温去中和环境和就餐者的情感。

③提供舒适视觉效果：在餐饮空间中，人正常就餐时间大致为30~60分钟，晚餐时间部分人甚至超过60分钟。为了消费者在长时间就餐时有好的就餐体验，餐饮空间需要提供一个舒适宜人的就餐环境，使人在长时间面对餐桌、菜品时不会感到压抑和疲惫。而经营者除了能给消费者带来舒适的视觉观感，还能得到消费者的行为、就餐时间等用户反馈，以此来改善和提高餐厅的服务质量。

不同程度的光照也影响着用餐者在餐厅停留时间的长短，太亮的灯光使人们不愿意长时间逗留，这意味着餐厅被分为两个不同的类型，即人流量大的用餐场地使用比较亮的光照系统，放松舒适的高消费用餐空间采用更加柔和迷人的光照设计。（图5-20）

（2）提升餐饮空间内涵

在餐饮空间中，光环境特征和表现手法是相辅相成、互相影响的。通过合理利用光环境特征，运用多种表现手法对餐饮空间进行渲染，能够提高餐饮空间的人文情怀，增加空间层次感和提升空间内涵。

①强化视觉对比：在餐饮空间中，光的明暗可以构成空间边界，明与暗相互衬托，使亮的部分得到强调，带来强烈的视觉对比。但是，亮度的对比变化不能太大，若同一区间亮度变化太大，人的视觉从一处转向另一处时，会被迫经历一个适应的过程，使人的就餐情感发生变化。

当餐桌的亮度为周边背景环境3倍时，则可获得的视觉效果比较清晰，而且人在长时间的观察中，视觉能够很好地适应这个规律。现在大多数高档的餐饮空间的光环境系统都会去遵循这一规律，而且在同一个餐饮空间中，彼此联系的功能空间，亮度一般也不会变化的幅度跨越太大，比如餐饮空间氛围灯、地灯、藏光灯等，除了个别区域为了强化视觉效果，增强消费者用餐体验，会采用重点照明的方式来凸显菜品，使得食物在光照下更具视觉美感。（图5-21）

②丰富光影效果：在光的作用下，受光面会清晰呈现出物体亮面的细节，而背光面会留下阴影，这就是光影。光影能赋予空间层次感，加强空间节奏感，餐饮空间没有光影的衬托，显得沉闷呆板、光线凌乱，没有明确性。所以在某些时候，正确布

图5-20 餐饮空间的照明提供视觉效果

局光源的位置，合理利用光影，让人们感到韵律美和节奏感，并且在变化中达到统一是非常有必要的，如果光源位置的摆放不合理，或者照射方向不正确，也可能带来负面的影响，如在就餐时台面出现阴影，则会使人产生视觉的错觉现象，无形中会增加视觉的负担，影响正常的就餐体验。因此，将光影美学运用在现代餐饮空间设计中是一次新的尝试与转变，同时也会对以后餐饮空间设计带来一些借鉴和启发。（图5-22）

（3）结合材质和媒体技术

餐饮空间光环境的作用效果，跟空间材质和新型科技有着重要的联系，材质会影响到光的传播效果，比如直射、反射、漫反射等，而媒体技术可以更直观地与人的情感需求产生互动，前者设计理念是光环境与传统文化、材质的融合，后者是通过现代新媒体技术和投影相结合，更深入地了解到光环境对于餐饮空间情感营造的作用效果。

①加深餐饮空间的肌理效果：光环境对不同餐饮空间的作用效果不同，其中一个重要因素就是构成空间的材质不同，不同材质对光环境的影响不同。光的传播途径

图5-21 餐饮空间照明强化视觉对比

图5-22 丰富餐饮空间的光影效果

主要是直线传播，由于空间材质的不同，传播过程中发生镜面反射与漫反射。不合理的镜面反射容易产生眩光，影响人们的就餐情绪，所以在餐饮空间中，我们更多地运用漫反射，漫反射光线柔和，能营造温馨的就餐环境，符合人们就餐所需的光环境系统，而漫反射的前提就是材质的表面必须不是绝对光滑的，因此在光的作用下，才能呈现出各式各样的肌理效果。空间材质的肌理效果能增添空间陈设的细节，提升空间软装的质感，提高餐饮空间环境品位。（图5-23）

②加大媒体技术运用成效：人们通过对光的掌握和广泛运用，赋予了光更多的设计语言，再通过多种多样的表现手法，结合新的媒体技术，使得光的表现更加具有艺术性和当代性。

随着科技的进步，媒体技术的成熟和运用，媒体技术开始营造一种动态化的光环境，通过动画形式和投影形式，向人们展示媒体技术给餐饮空间光环境带来的变革，相比传统的光环境设计，媒体技术作用下的动态光环境更能增进人与餐饮空间的情感体验。通过媒体技术创新，在餐饮空间中构造一个新型的光环境系统，媒体技术能通过多种表现手法修饰餐饮空间的形态和色彩，还能在空间中与就餐者进行互动，根据就餐者的行为准则，媒体技术也会给予信息回应，使本来简单的造型变得丰富多彩。通过光的艺术性改变人们在餐饮空间的就餐气氛，还能给空间带来生命力。

（4）餐饮空间照明设计的程序

餐饮空间照明设计的程序一般如下。

第一，明确照明设施的主要用途和目的，便于选择满足要求的照明设备。

第二，照度、亮度的确定。根据使用空间的功能、面积大小，按照国家颁布的《建筑照明设计标准》来确定房间的照度值。（表5-5）

第三，照明方式的确定。根据餐饮空间不同的功能区域，选择不同的照明方式。整体照明、局部照明、重点照明、装饰照明往往综合使用，混合照明。

图5-23 强调餐饮空间的材料肌理

表5-5　公共场所照明设计标准值

房间或场所		参考平面	照度标准值（Lx）	UGR	Ra
门厅	普通	地面	100	—	60
	高档	地面	200	—	80
走廊、流动区域	普通	地面	50	—	60
	高档	地面	100	—	80
自动扶梯		地面	150		60
卫生间、盥洗室	普通	地面	75	—	60
	高档	地面	150	—	80
电梯前厅	普通	地面	75	—	60
	高档	地面	150	—	80
休闲等候		地面	100	22	80
储藏室、仓库		地面	100	—	60
车库	普通	地面	75	29	60
	高档	地面	200	25	60

　　第四，灯具的选择。一般考虑灯具的大小是否符合空间体量，灯具的风格是否符合环境要求，灯具的材质色彩是否与环境氛围相协调。（表5-6）

　　第五，光源的选择。根据不同的餐饮空间设计的需要选择光源，不同的光源其光色、显色性不同。

表5-6　餐饮空间常用灯具图例及参数说明

图例	名称	灯架或其他			光源		
		安装方式	颜色	尺寸	类型	功率	色温
⊕	LED应急筒灯	嵌入式	白色		白炽灯	2×11W	2700K
✳	LED洗墙灯	嵌入式	白色	2.5寸	卤素灯杯（带变压器）	35W	2500K
▭	日光灯盘	吸顶式	白色	300mm×1200mm		2×36W	T8荧光灯
▭	日光灯盘	嵌入式	白色	300mm×1200mm		2×36W	T8荧光灯
▣	LED防炫光射灯	嵌入式	白色	132mm（L）×132mm（W）×119mm（H）	卤素光源	1×50W	暖色光
▣▣▣	三眼格栅射灯	嵌入式	白色	345mm（L）×134mm（W）×119mm（H）	卤素光源	3×50W	暖色光
——	荧光灯灯带	配套荧光支架			T4，T8荧光灯	18W，36W	详剖面
⬥	圆型金卤灯	嵌入式	白色	⌀160	金卤灯管	70W	冷白色光
⬓	方型金卤灯	嵌入式	白色	223mm×125mm	金卤灯管	70W	冷色光
⊠	换气扇	嵌入式		210mm（L）×210mm（W）静音型换气量为165m³/h			
⬤	防爆灯	半嵌入式	现场定	现场定	卤素光源	100W	暖色光
⬤	舞台灯	吊装式	现场定	现场定	卤素光源	300W	详剖面
✦	LED投光灯	半嵌入式	现场定	现场定	LED光源	35W	冷白色光
⬤	壁灯	明装式	现场定	现场定	卤素光源	50W	冷色光

二、成果表达

（一）餐饮空间设计的成果表达

餐饮空间的设计理念、创意构思必须通过成果表达，才能将抽象的思维变成可视的图形形象，形成方案，并通过专业的工程图纸和技术资料，指导工人制作出来，变成可供人们餐饮实用的真实空间。要达到这一目标，就必须掌握设计的成果表达方法。餐饮空间设计的成果表达主要包括工程图纸、效果图、材料配饰图等部分。

1. 工程图纸

餐饮空间设计工程图纸绘制的内容主要有平面图、天花图、立面图、节点大样图、门窗表等。

（1）平面图

平面图，通常是指在建筑高度1200mm左右的位置做水平切割后，移开顶部和上部后所呈现的空间内部结构件布置图。平面图是其他设计图纸的基础，主要表现空间布局、门窗开启方向、交通路线、家具陈设摆放、地面材质、墙体开线等。在具体设计时，根据项目的不同情况，平面图纸一般包括平面布置图（图5-24）、平面开线图（图5-25）、平面材质图（图5-26）、平面索引图等；根据图纸的大小，平面图采用的比例有1∶50、1∶100、1∶150、1∶200等。

（2）天花图

天花图与平面图一样，都是室内设计的重要表达内容，所表现的是吊顶在地面的正投影状态，其表达的

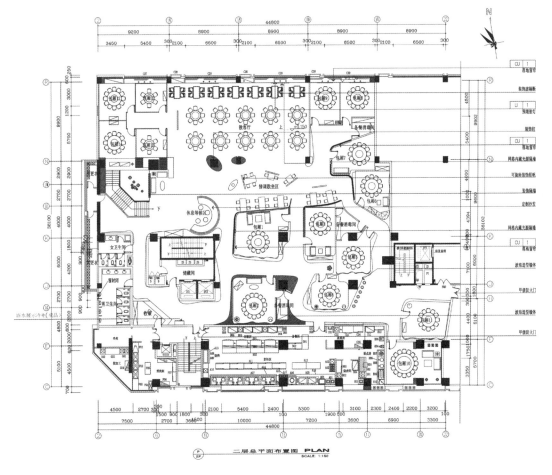

图5-24 餐饮空间平面布置图

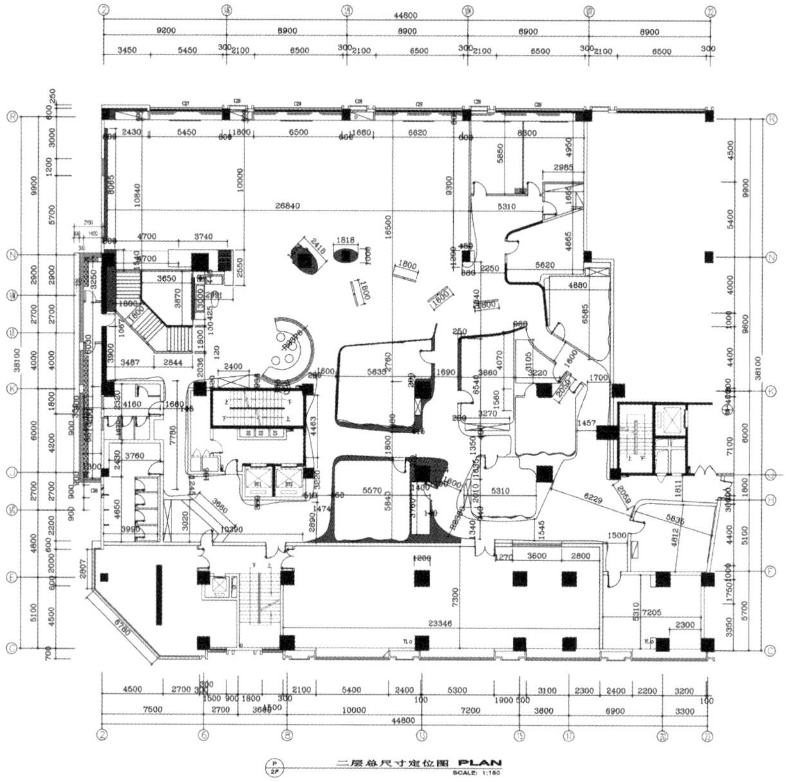

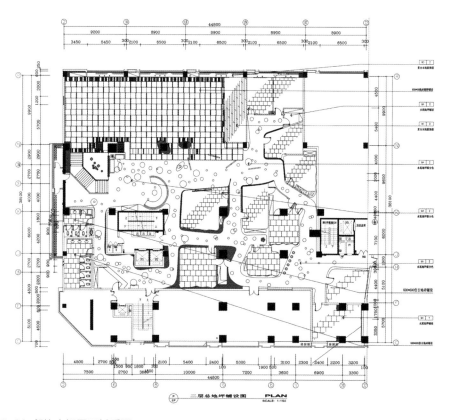

图5-25 餐饮空间平面开线图

图5-26 餐饮空间平面材质图

内容有层高、吊顶的材质、造型尺寸、灯具及空调等设备的位置、大小等。天花图纸一般包括天花布置图、天花开线图、天花灯具布置图等。天花图设计的重点在于与平面功能区域的呼应关系，以及利用天花来分隔空间，形成空间感。根据图纸的大小，天花图采用的比例有1∶50、1∶100、1∶150、1∶200等。（图5-27）

（3）立面图

立面图是用于表达墙面隔断等空间中垂直方向的造型、材质和尺寸等相关内容构成的投影图，能清楚地反映出室内立面的门窗、设计形式、装饰构造等，墙面固定的家具和设备须在立面图中表现，移动的家具设备可不表现出来。立面图的绘制要注意线型的选择，例如安装的灯具和灯槽用点画线，门的开启方向用虚线等。立面图的编号应同平面图中的索引号相联系，同一个空间立面的表达，其绘图比例应该统一。在有特殊造型的地方，应标出剖面或大样的索引符号。立面图采用的比例有1∶20、1∶30、1∶50等。（图5-28）

（4）节点大样图

节点图主要是对有特殊造型的吊顶、地面、墙立面局部设计的放大表达，便于详细尺寸的标注和材料说明（图5-29）。大样图主要是用来表达家具、特殊构建等造型的具体施工结构图（图5-30）。因此节点大样图的剖切符号应与平面图、立面图的符

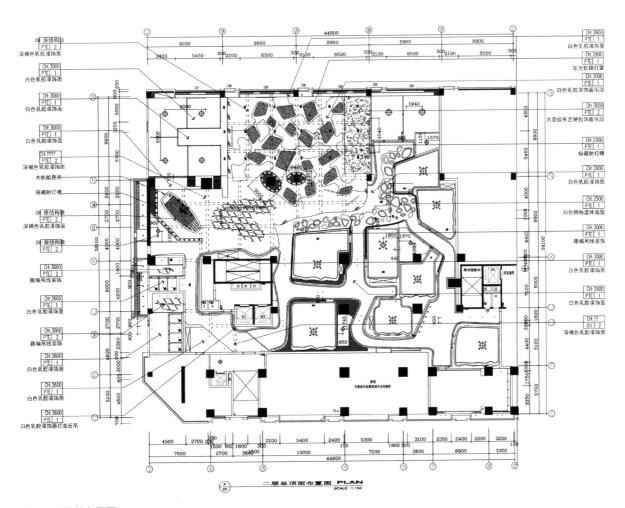

图5-27 天花布置图

119

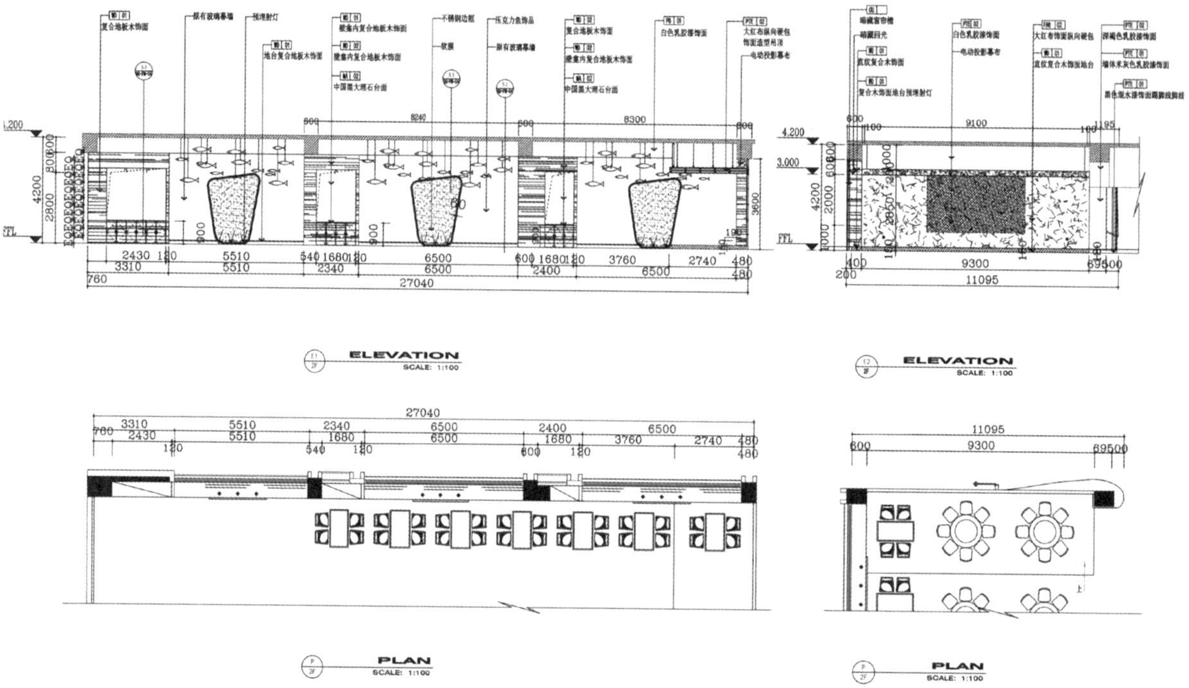

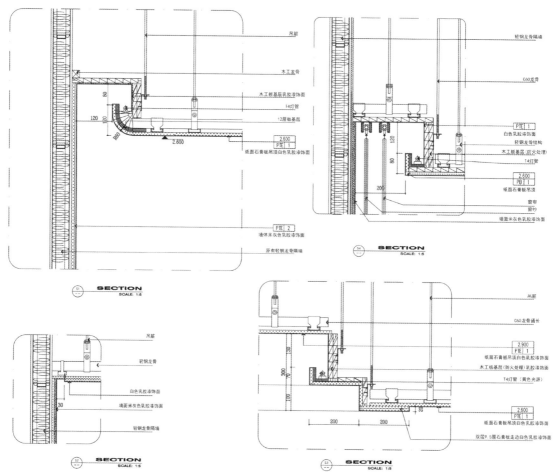

图5-28 餐饮空间立面图

图5-29 天花吊顶的节点详图

号一致，且大样图应标注尺寸、材质和施工做法。节点大样图常用的比例有1：1、1：2、1：5、1：10、1：20等。

（5）门窗表

门窗表主要是针对二次精装修时需要调整的门窗进行详细表达的图表，门窗表一般由文字型的设计说明和图纸两部分组成，图纸又分为尺寸图和剖面结构详图等。（图5-31、图5-32）

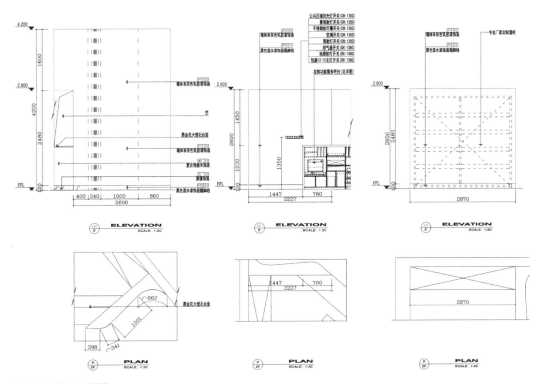

图5-30 家具大样图

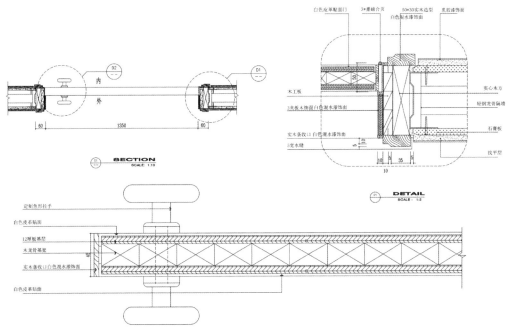

图5-31 餐饮空间工艺门剖面结构详图

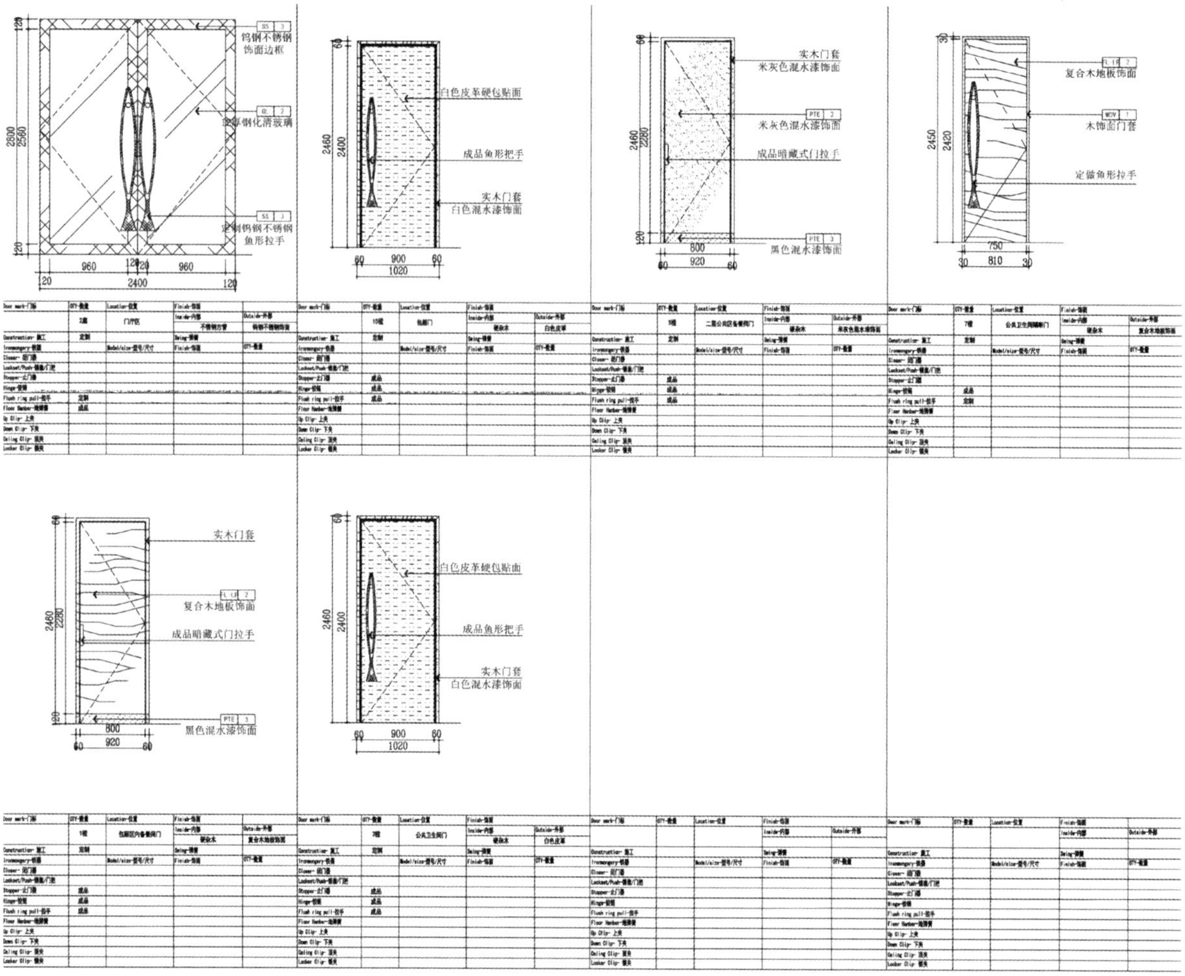

图5-32 门窗表

2. 效果图

设计是把一种计划、规划、设想通过视觉的形式传达出来的活动过程，而效果图是设计方案呈现中最重要的一个部分，效果图不仅能清晰地表达设计师的设计意图，也使业主、施工方或项目的其他参与方能正确理解空间。效果图按绘制方法不同，可以分为手绘效果图和电脑效果图两种。

（1）手绘效果图

手绘效果图技法是把设计与表现融为一体的表现技法。作为设计师，手绘效果图是专业的语言，与电脑制图相比，它效率高、表现力强，所以手绘技法应该继续保持和发展下去，并且应侧重手绘草图、创意表现分析图等方面的经验积累。（图5-33、图5-34）

（2）电脑效果图

电脑效果图是设计师表达创意构思，并通过效果图制作软件，将创意构思进行形象化再现的形式。它通过对物体的造型、结构、色彩、质感等诸多因素的表现，真实地再现设计师的创意，从而成为设计师与观者之间沟通的视觉语言，使人们更清楚地

图5-33 餐饮空间手绘效果图1/梅文兵

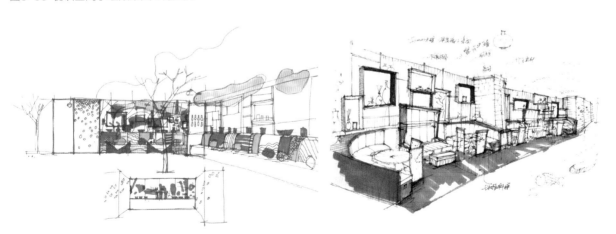

图5-34 餐饮空间手绘效果图2/梅文兵

了解设计的各项性能、构造、材料。电脑效果图按表现形式可以分为空间整体鸟瞰图（图5-35）和空间效果图（图5-36）。

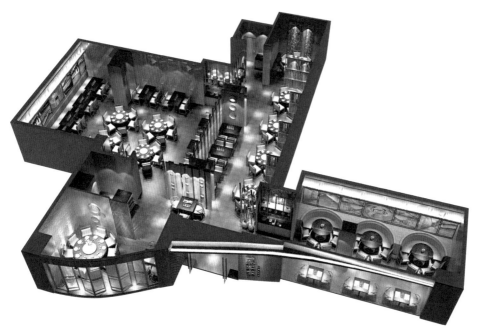

图5-35 餐饮空间鸟瞰图/谷德网

图5-36 餐饮空间效果图

3. 材料配饰图

材料配饰图主要由材料表和软装配饰图组成，其中材料表包括材料名称、规格、型号、使用部位和参考样板。软装配饰图则是设计师提供的家具、灯具的款式和样式参考。（图5-37、图5-38）

（二）餐饮空间设计实例

1. 实训作品一：忆江南中餐厅设计

设计：刘思烨

指导老师：梅文兵

获奖荣誉：2017海峡两岸大学生设计艺术奖

在线案例5-2

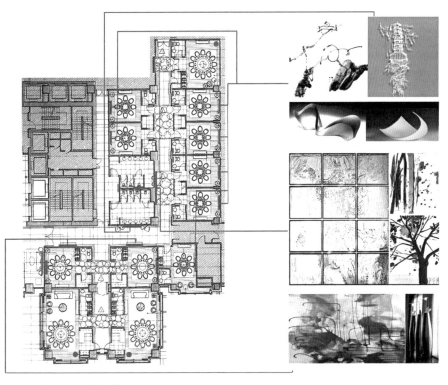

图5-37　餐饮空间软装配饰图

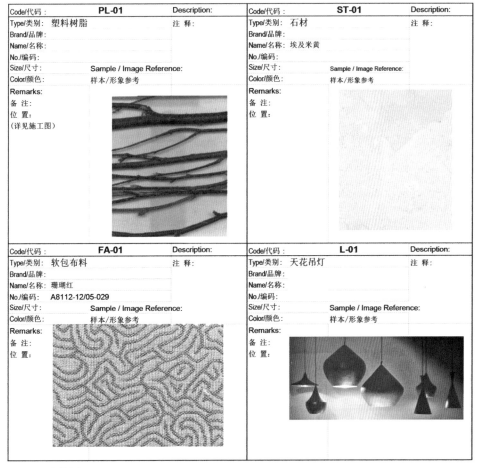

图5-38　材料表

（1）选址分析

地理位置：广东省广州市海珠区新港西路354号。

地段情况：广州市地铁3号线和8号线的交互处——客村站，北边为广州地标建筑广州塔，东边为广州大道南，西边为猎德大道。

周边环境：紧邻丽影广场，东临琶洲会展中心，北接珠江新城CBD，西拥滨江东豪宅区，南望番禺大型居住片区。

（2）概念分析（图5-39）

概念名称：忆江南·荷光月影。

概念解析：江南的美景在历朝历代文人骚客笔下一直被记载和传颂，而中餐厅是最能体现中国传统文化的空间载体之一，将江南美景的意境融于中餐厅空间，让顾客在餐饮消费中感受江南美景并潜移默化地接受中国传统文化的熏陶，达到身心愉悦的空间体验感。

元素提炼：运用江南荷光月影的概念，提炼出"开门见山""曲径通幽""若隐若现""碧盘滚珠"等空间元素。

（3）平面布局（图5-40）

功能区域：根据项目建设任务书，平面功能分为接待等候区、大厅营业区、包厢营业区、公共卫生间、办公后勤区及厨房辅助区。

功能要求：

①接待等候区：接待台、背景墙、等候座椅等，能满足接待、收银及等候的功能需求，能体现空间的设计主题及文化内涵。

②大厅营业区：根据就餐人数的变化布置8人桌、6人桌、4人桌及2人桌，适当的位置布置备餐柜及服务柜，方便就餐时的服务需求。

图5-39 忆江南中餐厅设计概念分析

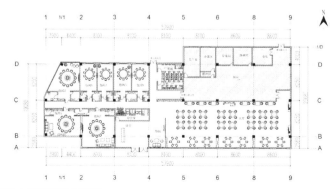

图5-40 忆江南中餐厅平面布置图

③包厢区：根据包厢就餐人数的不同，设置大、小两种类型包厢，需要有独立卫生间和备餐区，大包厢就餐人数多，还需要有接待休憩沙发。

④公共卫生间：分男女卫生间，女卫生间预留清洗室。

⑤办公后勤区：安排财务及行政管理区域。

⑥厨房辅助区：以后厨操作区域为主，此部分由专业厨房设备公司深化，但平面布局须预留员工休息更衣区、仓库、洗碗间、冷菜间、荤菜间等区域，同时厨房要有独立的对外通道。

（4）空间效果图

①接待等候区：接待区运用"开门见山"的设计手法呼应设计概念，背景墙采用江南秀丽的山形作为空间设计创意来源。空间色调明快，墙、顶、地面均采用清新明快的色调来凸显江南神韵。同时利用天花和地面的造型来区分接待功能区和等待功能区。（图5-41）

②大厅营业区：大厅营业区采用"若隐若现"的设计手法呼应设计概念，采用云纱屏风分隔卡座、散座区，让空间独立且不封闭，体现烟雨江南的朦胧感；内墙面采用工艺鱼造型艺术墙设计手法，刻画荷塘鱼影的江南韵味。（图5-42）

③包厢区：包厢区采用"碧盘滚珠"的设计手法呼应设计概念，包厢的主背景运用大小不等的圆形工艺品塑造墙面，既具有池塘莲叶舒展的视觉感，也有池面微风吹过阵阵涟漪的画面感。墙界面采用大块面白色硬包造型加灰色不锈钢分缝处理，与江南民居的白墙灰屋脊相呼应，让顾客就餐时能体验到江南意境美。（图5-43）

图5-41 忆江南中餐厅接待厅效果图

图5-42 忆江南中餐厅营业厅效果图

④其他区域：中餐厅的其他区域采用"曲径通幽"等设计手法呼应设计概念，公共走道区地面运用石板桥的造型，两侧波浪纹墙裙造型上设山水造型墙，走道的尽头是荷花形态的窗花，凸显主题。在公共卫生间走道区，墙面采用透窗借景的设计手法，上方圆形窗造型与下方的自然山形相呼应，形成江南园林的"曲径通幽"意境。（图5-44）

（5）软装配饰图

忆江南中餐厅以营造江南美景、体验江南意境为设计目标，通过"开门见山""若隐若现""曲径通幽""碧盘滚珠"等设计手法来呼应"忆江南"的设计概念，因此空间的软装配饰以新中式风格为主，配以现代装饰材料来营造空间，表现主题。（图5-45）

图5-43 忆江南中餐厅包厢设计效果图

图5-44 忆江南中餐厅公共区域效果图

图5-45 忆江南中餐厅软装配饰图

（6）设计成果展示

①施工图。（图5-46至图5-49）

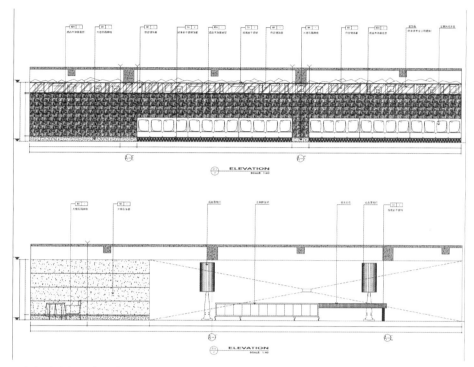

图5-46　忆江南中餐厅立面图1

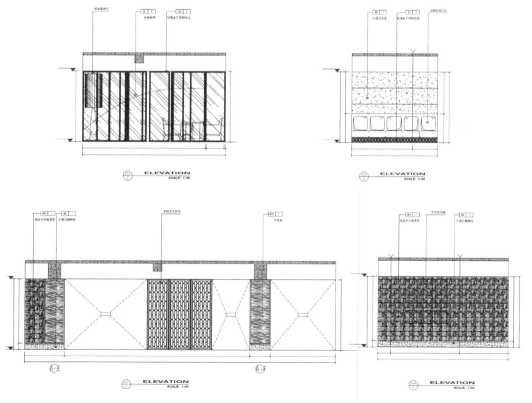

图5-47　忆江南中餐厅立面图2

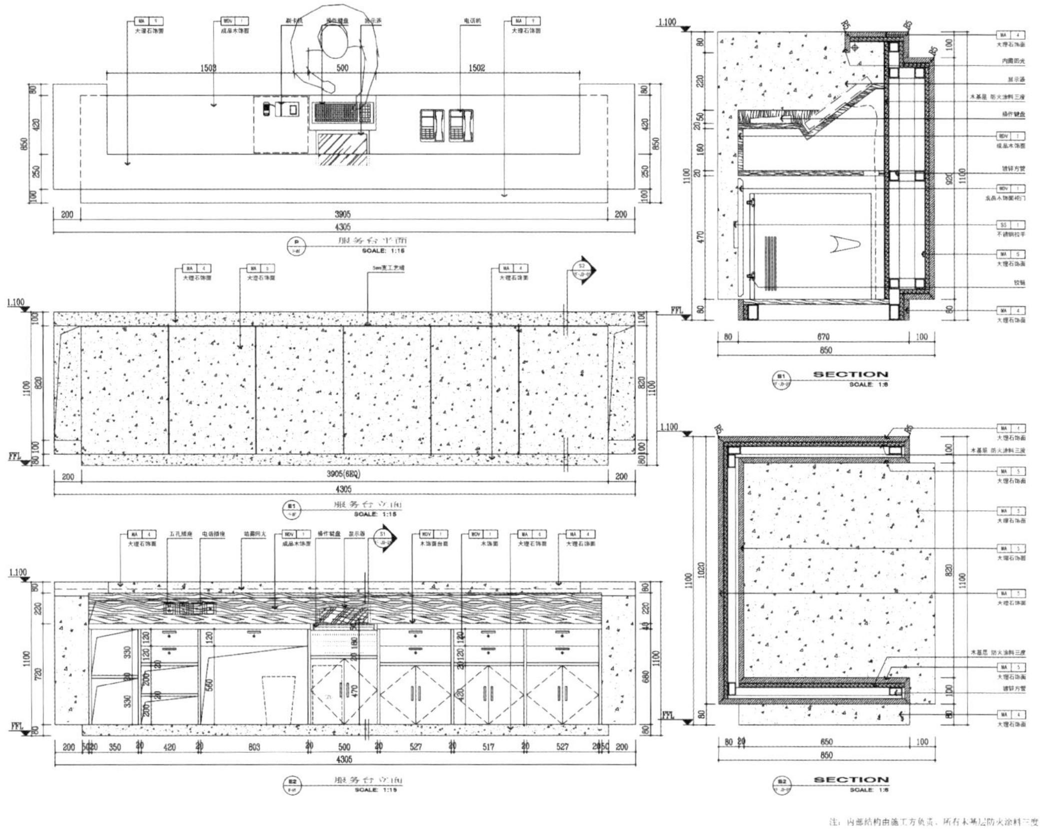

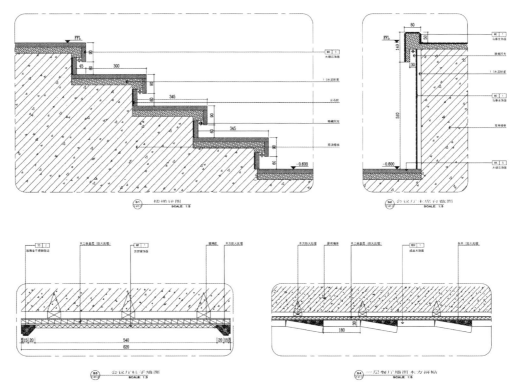

图5-48 忆江南中餐厅大样图1

图5-49 忆江南中餐厅大样图2

②展示版面。（图5-50）

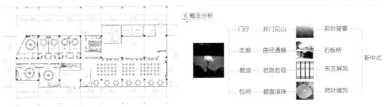

图5-50　忆江南中餐厅版面设计

2. 实训作品二：水墨禅语中餐厅设计

设计：马嘉成

指导老师：梅文兵

获奖荣誉：2017海峡两岸大学生设计艺术节"设计金奖"

（1）选址分析

地理位置：广州大道北，京溪商圈，临近创意园区，东起元岗横路，西起京溪路，南起沙太中路。

交通情况：离京溪南方医院地铁站15分钟车程，离广州东站16分钟车程。

周边环境：周边有很多新建的楼房，附近有酒店、高档小区以及工场创意园。

（2）概念分析

概念名称：水墨禅语中餐厅。

概念解析：水墨国画是中国传统文化瑰宝，因浓厚的中国韵味和独特的视觉美感而被世人所喜爱，将传统水墨画的轻重、疏密关系引入中餐厅这一中国传统饮食文化重要载体的空间，让顾客在就餐时获得良好的空间体验，从而提升满意度和再消费欲望。（图5-51）

元素提炼：从吴冠中先生的现代水墨画中提取灵感，将一些国画的绘画方式和结构韵律运用到空间设计中，如疏密、点线面关系、留白等，据此提炼出水墨画、书法、黑白配色、水墨江南、江南民居等元素运用到空间设计中。（图5-52）

（3）平面布局

功能区域：根据项目建设任务书，平面功能分为接待等候区、大厅营业区、包厢营业区、公共卫生间、办公后勤区及厨房辅助区。（图5-53、图5-54）

功能要求：

①接待等候区：接待台、背景墙、等候座椅等，能满足接待、收银及等候的功能需求，能体现空间的设计主题及文化内涵。

②大厅营业区：根据就餐人数的变化布置8人桌、6人桌、4人桌及2人桌，适当的位置布置备餐柜及服务柜，方便就餐时的服务需求。

③包厢区：根据包厢就餐人数的不同设置大、小两种类型包厢，需要有独立卫生间和备餐区，大包厢就餐人数多，还需要有接待休憩沙发。

④公共卫生间：分男女卫生间，女卫生间预留清洗室。

⑤办公后勤区：安排财务及行政管理区域。

⑥厨房辅助区：以后厨操作区域为主，此部分由专业厨房设备公司深化，但平面

水墨禅语

图5-51 水墨禅语中餐厅设计概念分析

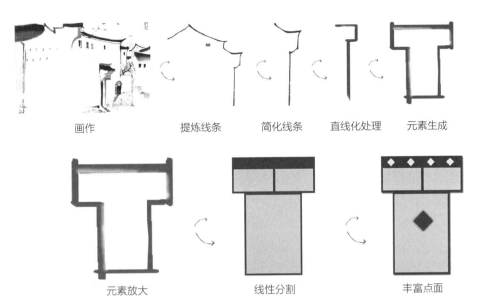

画作　　　提炼线条　　　简化线条　　　直线化处理　　　元素生成

元素放大　　　　　　线性分割　　　　　　丰富点面

图5-52 水墨禅语中餐厅元素提炼分析

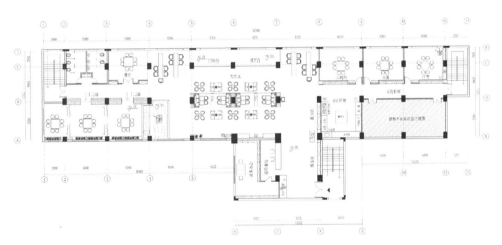

图5-53 水墨禅语中餐厅平面布置图

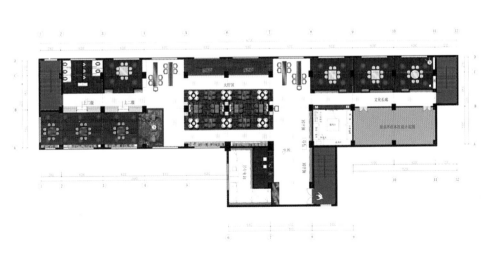

图5-54 水墨禅语中餐厅彩色平面图

布局须预留员工休息更衣区、仓库、洗碗间、冷菜间、荤菜间等区域，同时厨房要有独立的对外通道。

（4）空间效果图

①接待等候区：接待台背景是连绵群山的造型，用水墨画线条勾勒手法，空间配以黑白两色，营造一幅水墨山景图。接待台采用马头墙造型，再现徽派民居白墙灰瓦的典型特色。接待台实木造型墙分缝处理，一侧采用苏州园林借景手法，不锈钢抽象造型山体在暗藏灯的照射下更显现代气息。（图5-55）

②大厅营业区：大厅营业区整个空间采用黑白主色调，以江南民居的建筑特征营造水墨画空间意境。独立柱和内墙面采用大块面白色墙布加黑色实木线条分隔处理，靠墙柱实木饰面，中漏窗景配简洁中式壁灯，靠墙边放置拴马桩，营造空间序列感和仪式感。大厅走道区及就餐区通过天花吊顶和地面材质的不同进行区分，确保空间属性和使用功能。（图5-56）

③包厢区：包厢区以浅色调为主，强调留白效果，天花及墙面用深色实木线条勾勒轮廓，形成简洁的江南风格，墙面配以大幅水墨山水画及窗景造型，凸显空间意境。装饰宫灯、拴马桩、书画屏风等软装配饰呼应水墨禅语主题概念。（图5-57）

图5-55 水墨禅语中餐厅接待厅效果图

图5-56 水墨禅语中餐厅营业厅效果图

④其他区域：中餐厅的其他区域延续就餐大厅区和包厢区的设计手法，空间色调以黑白为主，强调留白处理，强化江南民居建筑特色。空间配以书画、文房用具以营造文化气息，同时在局部空间墙以供奉佛像、莲花工艺品等方式呼应"禅语"主题。（图5-58）

（5）软装配饰图

水墨禅语中餐厅从水墨画中提取设计灵感，将中国传统山水画和东方禅意相结合，构建现代中餐厅的文化意境。因此空间的软装配饰以新中式风格为主，配以现代装饰材料来营造空间，表现主题。（图5-59）

图5-57 水墨禅语中餐厅包厢设计效果图

图5-58 水墨禅语中餐厅公共区域效果图

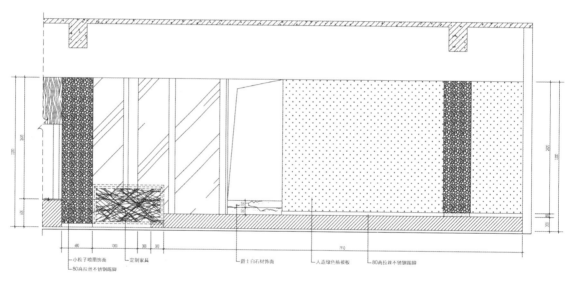

图5-59 水墨禅语中餐厅软装配饰图

（6）设计成果展示

①施工图。（图5-60至图5-63）

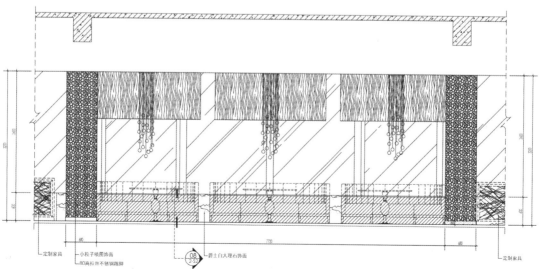

图5-60 水墨禅语中餐厅立面图1

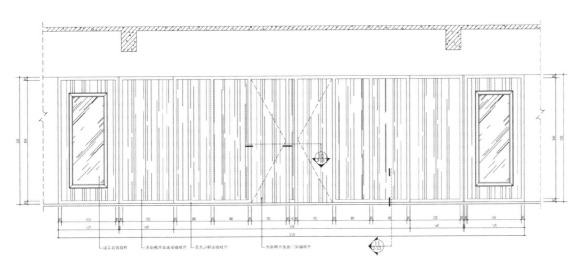

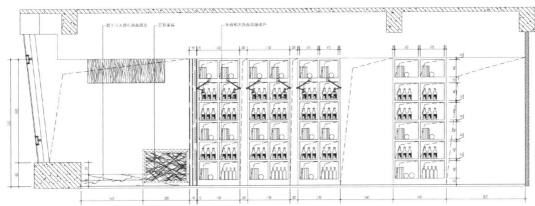

图5-61 水墨禅语中餐厅立面图2

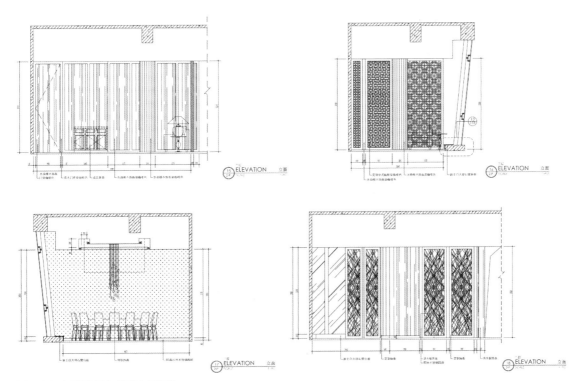

图5-62 水墨禅语中餐厅立面图3

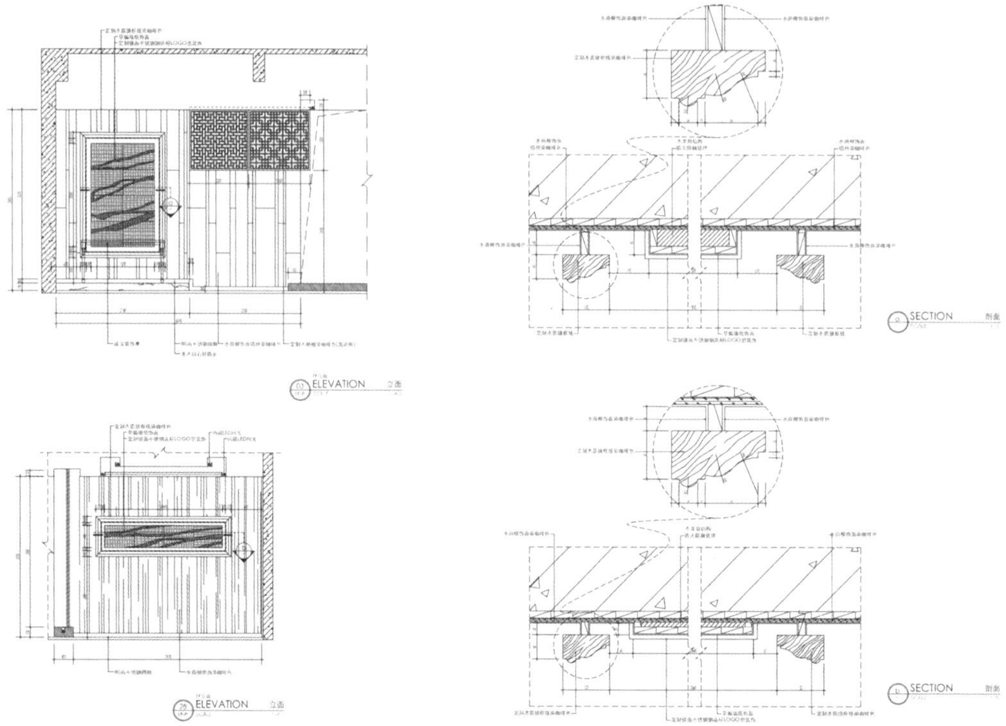

图5-63 水墨禅语中餐厅大样图

②彩色立面。（图5-64）

图5-64 水墨禅语中餐厅彩色立面

③展示版面。（图5-65）

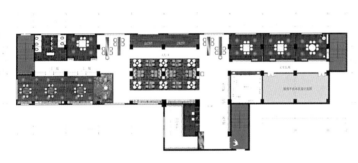

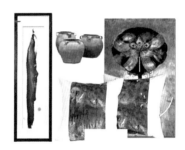
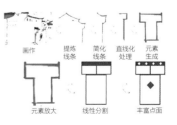

图5-65 水墨禅语中餐厅展示版面

参考文献

[1] 欧阳丽萍，袁玉康，郑欣. 餐饮空间设计 [M]. 武汉：华中科技大学出版社，2021.

[2] 李振煜，赵文瑾. 餐饮空间设计（第2版）[M]. 北京：北京大学出版社，2019.

[3] 严康. 餐饮空间设计 [M]. 北京：中国青年出版社，2015.

[4] 刘蔓. 餐饮文化空间设计 [M]. 重庆：西南师范大学出版社，2015.

[5] 郑曙阳. 室内设计程序 [M]. 北京：中国建筑工业出版社，2005.

[6] 郑曙阳. 室内设计思维与方法 [M]. 北京：中国建筑工业出版社，2003.

[7] 张绮曼，郑曙阳. 室内设计资料集 [M]. 北京：中国建筑工业出版社，1991.

[8] 张利娟. 消费文化视角下的体验式餐饮空间设计研究 [D]. 湖南理工学院，2022.

[9] 刘思源. 地域性文化符号在主题空间中的应用研究 [D]. 广东工业大学，2022.

[10] 许宁. 基于地域文化理念的度假酒店室内空间设计研究 [D]. 河北科技大学，2022.

[11] 席豪波. 新中式餐饮室内空间改造设计研究 [D]. 景德镇陶瓷大学，2021.

[12] 常彦茹. 徽州建筑文化在餐饮空间设计中的应用研究 [D]. 长春工业大学，2020.

[13] 李红锋. 餐饮环境设计中陈设的应用研究 [D]. 安徽建筑大学，2018.

[14] 刘东洋. 餐饮空间中照明与材质的应用方法研究 [D]. 东北林业大学，2018.

[15] 仇欣欣. 间接照明在餐饮空间中的表现形式研究 [D]. 沈阳航空航天大学，2018.

[16] 柳东昕. 生态视角下餐饮空间设计与研究 [D]. 吉林艺术学院，2018.

[17] 陈曦. 大型餐饮空间声环境评价与预测 [D]. 哈尔滨工业大学，2017.

[18] 杨加玮. 地域文化在主题餐饮空间设计中的应用 [J]. 食品安全质量检测学报，2023，14（05）：339-340.

[19] 王文玲. 地域文化在主题餐饮空间中的应用 [J]. 上海纺织科技，2021，49（12）：83.

[20] 唐雁. 地域文化在餐饮空间设计中的应用 [J]. 工业建筑，2020，50（11）：222.